설탕 없는
과자 굽기

설탕 없는 과자 굽기

설탕없는 과자공장 공장장 **오세정 지음**

pan'n'pen

생일 케이크를 한 입도 드시지 않는 엄마를 보며 의아하게 생각했다.
자라면서 알게 됐다. 달콤한 케이크를 안 드시는 게 아니라 못 드신다는 것을.

엄마는 내가 뱃속에 있을 때부터 지금까지 단맛이 나는 음식을 일절 드시지 못한다. 나를 임신한 후 임신성 당뇨를 앓기 시작했기 때문이다. 엄마는 '죽기 전에 꼭 초콜릿 케이크를 먹고 싶다'는 이야기를 종종하며 늘 단맛을 그리워하셨다. 그런 엄마를 보며 '나 때문에'라는 생각을 떨칠 수 없었다. 엄마를 향한 안쓰러운 마음에 출장이든, 여행이든 외국에 다녀올 때면 트렁크 한가득 채워오는 물건이 있었다. 무설탕 초콜릿과 과자, 디저트 등이었다. 가방에 가득 든 달콤한 것들을 보며 엄마는 항상 어린아이처럼 기뻐하셨다.

어느 여름, 싱가폴을 여행할 때이다. 대형 마트는 물론이며 슈퍼마켓에도 무설탕 제과류 진열 구역이 따로 있을 정도로 다양한 제품이 있었다. 그날도 역시 엄마가 좋아하실 만한 것들을 잔뜩 골라 담고 있었다. 그러면서 매번 하는 질문이 떠올랐다.

'이제는 한국에도 무설탕 식품이 생길 때가 되지 않았나? 우리나라에도 당뇨환자가 많은데 왜 아직도 없을까?'

'내년에는 생기겠지, 곧 생기겠지'라고 생각하며 기다렸지만 무설탕 제과와 디저트는 한국 시장에 나타나지 않았다. 그래서 내가 시작하기로 했다. 무설탕 제과류 사업을. 그때부터 요리 학원을 다니고, 제과점에서 일을 배웠다. 그리고 틈틈이 무설탕 제과 레시피를 개발해보았다. 맛있다는 주변인들의 평가에 자신감이 붙어 2016년 가게를 열었고, '설탕없는 과자공장'이 시작되었다.

'식품약자'가 먹을 수 있는 달콤한 과자

사람들은 누구나 맛있는 걸 좋아한다. 문제는 좋아하고, 맛있는 걸 건강상의 이유로 아예 먹기조차 힘든 나의 엄마 같은 사람들이 많다는 것이다. 당뇨가 있는 사람, 체중 관리를 해야 하는 사람, 알러지가 있거나 글루텐에 민감한 사람, 임산부 등으로 원인도 이유도 다양하다. '설탕없는 과자공장'은 이들이 '식품약자'라고 생각한다. 교통을 마음 편히 누릴 수 없는 '교통약자'가 있듯이, 먹고 싶은 것을 마음껏 먹지 못하는 식품약자 말이다.

　한국 식품 시장에서 식품약자들은 여전히 소외되어 있다. 빵, 디저트는 물론이며 다양한 카테고리의 식품에는 당류나 탄수화물이 많이 들어 있기 때문에 식품약자가 선택할 수 있는 식품의 폭은 매우 제한적이다. '설탕없는 과자공장'은 식품약자들을 위해 정말 맛있는 대체식품을 개발하는 브랜드이다. 모든 제품엔 설탕 대신 혈당지수와 칼로리가 낮은 대체 감미료를 사용해 달콤함을 더했다. 밀가루가 들어가지 않는 스콘과 브라우니를 비롯해 우유와 버터가 들어가지 않는 비건 제품까지 50여 가지 상품을 개발해서 제공하고 있다.

　예쁜 옷보다는 맛있는 음식을 발견하는 게 더 즐거운 나는 신제품 개발에서 제일 중요하게 생각하는 것은 역시 '맛'이다. '건강한 음식은 맛이 없다'는 통념을 깨고 싶었다. 1,000번이 넘는 테스트와 시행착오를 거듭하며 지금까지 약 100가지의 무설탕 제품 레시피를 개발했다.

누구도 예외 없이 먹는 즐거움을 누릴 수 있는 레시피

이 책에는 그렇게 만든 무설탕 제과 레시피 중 누구나 집에서 쉽게 만들 수 있는 것 20가지를 담았다. 주위에서 '설탕없는 과자공장'의 핵심인 레시피를 공개해도 괜찮느냐는 질문을 받기도 했다. 물론 모든 레시피가 소중한 자산인 것은 분명하다. 그렇지만 나는 설탕 없이도 맛있는 빵과 과자를 즐길 수 있다는 걸 더 많은 사람에게 알려주고 싶다. 내가 만든 레시피로 인해 더 많은 분들이 먹는 즐거움을 누리길 원하기 때문이다.

　무설탕 빵과 과자로 시작했던 '설탕없는 과자공장'은 이제 당류와 탄수화물을 줄이고 단백질을 더한 케이크와 잼, 시리얼까지 카테고리를 확장해 나가, 식품약자들을 위한 대체식품 브랜드로 성장하고 있다. '식품약자들을 위한 맛있는 식품'하면 누구나 '설탕없는 과자공장'을 떠올리는 날이 오길 바란다. 그러기 위해서 앞으로 더 다양한 대체식품을 개발하고 나누는 데 모든 노력을 기울일 것이다. '설탕없는 과자공장'은 식품약자의 든든한 친구 같은 브랜드로 늘 함께할 생각이다.

설탕없는 과자공장 공장장 오세정

이 책의 구성과 보는 방법

이 책에 나오는 모든 레시피에는 '설탕'이 들어가지 않습니다.

구움 과자를 만들 때 설탕은 여러 가지 역할을 합니다. 단맛을 내기도 하지만 열에 반응하면서 아주 먹음직스러운 향과 노르스름한 색깔도 만들어 냅니다. 또한, 액체재료와 만나 녹은 설탕은 과자의 촉촉함과 부드러움 즉, 수분감을 책임지기도 합니다. 마지막으로, 완성된 과자의 수분이 빠져나가는 것을 막기에 보관 기간도 길어지게 합니다.

이렇게 여러 가지 역할을 하는 설탕을 넣지 않고 구움 과자와 잼 만드는 방법을 모두 알려드립니다.

글루텐프리 / 10~11개 / 휴지 시간 포함
슈거프리 / 분량 / 90분

- 각 레시피의 특징을 한 눈에 확인하세요.
  재료에 따라 글루텐프리, 슈거프리, 저탄고지, 비건으로 표기합니다. 레시피에 따라 만들 수 있는 과자 분량과 대략적인 시간(반죽부터 휴지와 굽는 시간까지 포함)을 알려드립니다.

- 구움 과자 만들기는 대체로 쉽습니다. 그럼에도 여러 개의 과정컷을 첨부하여 초보라도 집에서 쉽게 완성할 수 있게, 최대한 자세하게 만드는 법을 소개하고 있습니다.

재료 간에 온도가 비슷하면 반죽을 만들 때 실패할 확률이 낮다.

- 조리 중 부연 설명을 참조하세요.
  이 표시에는 각 조리 과정 중에 생길 수 있는 문제나 반죽의 상태를 확인하는 것, 도구가 없을 때 대체하는 법 등이 상세하게 적혀 있습니다.

(TASTY TIP)

- 이 표시는 완성한 과자를 더 맛있게 먹는 방법이나, 과자의 맛에 변주를 줄 수 있는 대체 재료 등을 소개하고 있습니다.

(TASTY STORY)

- 이 표시는 해당 레시피에 사용된 재료에 대한 추가 정보입니다. 대체로 설탕 대신 단맛을 내는 재료, 밀가루 대신 들어가는 재료, 동물성 기름 대신 넣는 지방질에 대한 것입니다.

- 이 책에서 천연 감미료로 사용하고 있는 스테비아 그래뉼과 나한과 감미료는 서로 교체하여, 동량을 사용해도 됩니다.

Contents

INGREDIENT & TOOL

설탕 없는 과자 굽기 재료와 도구

HOME BAKING BEST ITEMS

놓칠 수 없는 인기 구움 과자

POUNDCAKE

풍미 가득, 한입 가득 파운드케이크

MUFFIN

폭신폭신 부드러운 머핀

SCONE

촉촉하고 고소한 스콘

COOKIE / JAM

PACKAGE

도톰하고 쫀득한 쿠키

달지 않고 영양 만점 잼

손쉬운 구움 과자 포장법

설탕 없는 과자 굽기 재료와 도구

설탕 없이 달콤한 맛을 내며 과자 저마다의 식감을 살리려면 재료 선택이 중요해요.
반면 도구는 다른 과자 구울 때 사용하는 도구와 크게 다르지 않아요.

단맛은 살리고 건강은 챙기는 **설탕 대체 재료**

1 스테비아 그래뉼

국화과 식물에서 추출한 '스테비아'와 과일의 포도당을 자연 발효한 '에리스리톨'을 혼합한 천연 감미료. 시원한 단맛이 나는데 섭취했을 때 혈당수치에 미치는 영향이 적고, 몸에 축적되지 않고 모두 배출된다. 스테비아는 제품에 따라 쓴맛이 나는 것도 있으니 구입 시 주의한다.

2 슈거프리 초콜릿 칩

설탕과 동물성 지방이 들어가 있지 않은 초콜릿 칩. 당과 포화지방이 없어 혈당 조절과 다이어트에 도움이 된다. 초콜릿 특유의 쌉싸래한 맛과 향은 그대로이기에 구움 과자를 구울 때 사용하면 맛은 그대로, 건강은 더욱 유익해진다.

3 나한과 감미료

박과의 일종인 '나한과' 분말에 '에리스리톨'을 섞은 것. 에리스리톨은 감미료이지만 체내에 거의 흡수되지 않는다. 나한과 감미료 역시 단맛은 나지만 섭취했을 때 혈당수치를 변화시키지 않고, 체내에 흡수되지 않고 배출된다. 설탕보다 단맛이 연하고 청량하되 쌉싸래한 맛이 난다.

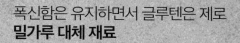

폭신함은 유지하면서 글루텐은 제로
밀가루 대체 재료

2
현미가루

쌀의 왕겨만 벗겨내고 가루로 만든
것이다. 쌀겨와 배아가 포함되어 있어
영양소와 식이섬유가 풍부하다. 쌀가
루보다 질감은 거칠고 맛은 고소하다.
현미가루 대신 쌀겨를 가루로 만
든 미강가루를 사용해도
좋다.

1
홍국 쌀가루

흰쌀에 홍국균을 넣어 3~4주간 발효
하여 만든 고체 배양 쌀가루이다. 선명한
붉은 색이 나서 식용색소 대신 사용하기 좋
은데 영양까지 풍부하여 건강에도 이롭다.
자연 재료로 색을 내고 싶다면 쑥가루,
흑임자가루, 단호박가루 등을 섞어
반죽을 만들면 된다.

3
콩가루

밀가루 대신 사용한다. 이 책에서는
찰진 식감과 모양을 내기 수월한 대두
분말을 주로 쓴다. 콩가루 특유의 냄새
가 있는데 이를 줄이고 싶다면 쑥가
루, 커피가루, 코코아가루처럼 향
긋한 가루와 섞어 사용하
면 된다.

5
아몬드가루

저탄고지 레시피의 필수 재료. 탄수
화물 함량을 낮추기 위해 밀가루 대신
사용한다. 특유의 풍미가 좋고, 자체적
으로 기름기를 갖고 있어 빵, 과자를 만
들 때 유용하다. 100% 아몬드로
된 가루인지 확인하고 구입
해야 한다.

4
쌀가루

글루텐프리 과자를 만들기 위해 밀
가루 대신 필요한 주재료이다. 쌀가루
로 만드는 과자는 밀가루보다 포슬포
슬한 식감이 난다. 과자를 구울 용도
라면 습식이 아닌 건식 쌀가루
를 구입해야 한다.

새콤달콤한 맛과
쫄깃함이 좋은
마른 과일

1 마른 대추야자

중동 지역에서 생산되며 칼슘, 마
그네슘, 칼륨 등이 풍부한 영양
과일이다. 우리나라에서는 대체
로 마른 대추야자로 구할 수 있
는데 쫄깃함과 단맛이 아주 좋다.
과자를 굽거나 잼을 만들 때 대추
야자를 넣으면 설탕 없이 단맛을
내기 좋다.

2 마른 자두(프룬)

마른 자두는 간식용으로 소량 포
장되어 나오는 제품이 다양하여
쉽게 구할 수 있다. 단, 다른 마른
과일에 비해 새콤한 맛이 강하니
사용할 때 염두에 둬야 한다. 곶
감처럼 단맛이 진한 과일과 섞어
사용하길 추천한다.

3 건포도

어디서나 구하기 쉬워 가장 사용
하기 편한 마른 과일이다. 적포도
를 말린 건포도와 청포도를 말린
건포도가 있으니 좋아하는 것으
로 구해 사용하면 된다. 과자에
넣고 구워도 새콤한 맛이 그대로
살아 있다.

(**TIP**)
밀가루가 안 들어가는 빵, 과자
류에 마른 과일이나 건과류를
넣으면 밀가루로 만든 빵, 과자
처럼 맛있어집니다.

4 마른 무화과

단맛이 좋은 가운데 새콤한 맛과
향이 나며 쫄깃하면서 톡톡 터지
는 식감이 아주 좋다. 당처리가
별도로 되어 있는 것은 피한다.
반건조 무화과는 개봉 후에는 냉
장 보관하고 사용 직전에 불리는
것이 좋다.

5 마른 살구

살구 특유의 새콤한 맛과 향이 고
스란히 살아 있으며 마른 상태에
서도 색이 살아 있어 예쁘다. 통
째로 말린 것도 있고, 작은 조각
으로 잘라 파는 것도 있다. 설탕
을 첨가하지 않고 말린 것을 구해
야 한다.

고소함과 씹는 맛을 선사하는
견과류와 씨앗

1 해바라기씨

톡톡 씹는 맛이 좋으면서도 아주 부드러워 어른 아이 누구나 먹기 좋은 재료이다. 떫은맛이 없고 고소하여 어떤 과자에 넣어도 잘 어울린다. 조미되지 않은 것을 고르고, 볶지 않은 것을 구해 물에 헹군 다음 오븐에 구워 사용하는 게 좋다.

2 캐슈너트

큼직하고 맛이 고소하면서 깔끔하고, 씹는 맛이 아주 부드럽다. 마른 재료이지만 식물성 기름을 많이 포함하여 곱게 갈면 촉촉해진다. 아몬드 밀크처럼 캐슈너트 밀크를 만들 수도 있고, 견과류 잼을 만들 때 아주 유용하다.

3 아몬드

고소함이 매력적인 국민 견과. 통아몬드는 부서지듯 경쾌하게 씹는 맛이 좋고, 슬라이스 아몬드는 부드럽게 바스라지는 게 매력이다. 생아몬드를 구해 쓰면 좋지만 볶은 것이 흔하다. 구입한 아몬드는 물에 깨끗이 헹궈 말려서 요리에 쓰도록 한다.

4 호두

구수하면서도 특유의 씁쓸한 맛을 가지고 있으며, 자박자박 씹는 맛이 좋다. 반죽에 넣을 때는 대강 부숴 넣어 씹는 맛을 살리고, 호두 모양이 살아 있는 통호두는 장식용으로 주로 쓴다.

5 피칸

생김새는 호두와 닮은 것 같지만 납작하고, 길쭉하며 호두보다 크다. 호두보다 부드러우며 훨씬 고소하고, 씁쓸한 맛이 없다. 구우면 풍미가 더 좋아진다. 부수어 반죽에 넣거나, 과자 표면에 올려 장식용으로 많이 쓴다.

부드러움과 촉촉함을 선사하는 **좋은 지방 재료**

1 올리브 오일

올리브 열매를 압착하여 짜낸 것으로 올리브에 따라, 압착과 가공 방법에 따라 다양한 종류가 있다. 시중에 판매하는 어떤 것이든 과자 반죽에 사용해도 되는데, 되도록 엑스트라 버진 올리브 오일을 쓰는 게 좋다.

2 코코넛 오일

코코넛에서 짜낸 기름으로 구움 과자를 촉촉하게 해준다. 포화지방산이 많지만 체내 흡수와 에너지 전환이 빨라 신진대사를 촉진하고 기초대사량을 높인다. 고를 때는 화학적 정제를 거치지 않은 엑스트라 버진 코코넛 오일을 택해야 좋은 영양소를 섭취할 수 있다.

(TIP)

•과자의 지방 함량이 높을수록 식감이 부드러워 집니다.

3 사워크림

생크림을 발효해 만든 새콤한 맛의 크림으로 발효크림이라고도 부른다. 신맛이 강하고 걸쭉한 편이다. 쿠키나 스콘 등에 넣으면 부드러운 풍미와 식감을 낸다. 반죽에 넣고 남은 사워크림은 달콤, 짭짤하게 간을 하여 스콘에 발라 먹어도 맛있고, 샐러드 드레싱에 활용할 수 있다.

4 버터

우유에서 유지방을 분리해 응고하여 만든 것으로 다른 지방질과 비교할 수 없이 훌륭한 풍미가 있다. 이 책에서는 주로 무염버터를 사용하여 반죽을 만든다. 식감을 위해 때로는 딱딱하게, 때로는 실온 상태의 부드러운 버터를 사용한다.

5 크림치즈

이름에 치즈가 들어가지만 발효하여 만든 것은 아니다. 우유와 생크림을 섞어 만들며 찐득하고 부드러우며 산뜻하고 고소한 맛이 난다. 여러 가지 맛을 더한 크림치즈가 다양한데 책에서는 '플레인'을 사용한다. 남은 크림치즈에 과일잼 등을 섞으면 맛좋은 스프레드를 만들 수 있다.

6 생크림

우유의 지방을 분리해 만든 크림으로 구수하고 깊은 맛과 향이 아주 좋다. 지방 함량에 따라 생크림을 나누기도 하는데 어떤 것이든 이 책에 사용할 수 있다. 남은 생크림은 파스타 소스로 사용하거나 휘핑을 하여 빵, 과자와 곁들인다.

과자의 풍미를 좌우하는 **풍미 재료**

1 바닐라 오일

대게 바닐라 에센스를 많이 사용하지만 구움 과자 반죽에는 바닐라 오일을 넣는 게 좋다. 에센스보다 휘발성이 적어 향이 은은하게 오래 가기 때문이다. 게다가 바닐라 오일은 달걀 특유의 비린내를 잡는 역할도 한다.

2 커피가루

동결건조하여 물에 잘 녹는 커피가루를 말한다. 콩가루 등에서 날 수 있는 특유의 냄새를 없애주며, 은은한 풍미를 더한다. 에스프레소 등을 사용해도 좋지만 이 책에서는 누구나 쉽게 구할 수 있는 커피가루를 사용한다.

3 레몬

새콤한 맛과 향을 선사하는 최고의 재료. 껍질은 깨끗하게 씻어 강판(제스터)에 갈거나 잘게 다져 반죽에 섞는다. 이때 껍질 안쪽의 흰 부분은 쓴맛이 강하니 사용하지 않는다. 즙을 사용할 때는 씨가 들어가지 않도록 주의한다.

과자 만들 때 꼭 필요한 **기본 재료**

4 소금

집에서 사용하는 천일염이나 꽃소금 등이면 된다. 절임용으로 입자가 굵은 것보다는 조미용으로 입자가 가는 것이 쉽게 녹아서 좋다. 소금이 들어가야 천연 재료가 가진 달고 고소한 맛 등이 잘 살아난다.

5 베이킹소다

반죽을 부풀리기 위해 사용하는 팽창제로 쌉싸래한 맛이 난다. 산성분을 만나면 부풀며, 빵이나 과자의 먹음직스러운, 노릇노릇한 색을 내는 역할도 한다. 최근에는 세척용으로 대부분의 가정집에 있는데, 제빵용 베이킹소다는 따로 있다.

6 베이킹파우더

베이킹소다 같은 팽창제인데 산성 재료가 없이도 반죽을 부풀릴 수 있다. 특유의 맛은 없으며 베이킹소다보다 반죽을 부풀리는 힘이 좋으며, 부드러운 식감을 만드는 역할을 한다. 베이킹소다 대신 사용할 수 있다.

7 달걀

달걀은 빵과 과자를 만들 때 여러 가지 역할을 한다. 재료가 잘 엉기게 하며, 식감과 질감을 형성하며, 촉촉함을 주는 역할도 하고, 풍미 재료로도 쓰인다. 또한, 반죽 표면에 달걀물을 바르면 노릇노릇 먹음직스러운 색깔이 난다.

구움 과자 만들 때 필요한 **기본 도구**

1 체

체는 가루재료를 걸러 입자를 균일하게 만드는 용으로 주로 사용한다. 구멍의 크기가 다른 것으로 2~3종류 있으면 편리하다.

2 믹싱 볼

가루재료를 섞을 때 주변으로 퍼지고 날리므로 큼직한 볼이 있으면 편리하다. 핸드믹서를 사용하는 경우가 많으니 스텐인리스, 유리처럼 흠집이 쉽게 나지 않는 단단한 재질이 좋다.

3 주걱

재료를 섞는 용으로도 쓰지만 볼이나 푸드 프로세서에 남아 있는 재료를 알뜰히 긁어내는 용으로도 쓴다. 실리콘이나 고무로 된 것이 좋으며, 크기도 2종류 정도로 갖추면 편리하다.

4 착즙기

보통 스퀴저라 부르는 착즙기이다. 가정용으로 간단하고 저렴한 제품이 많으니 하나 구입해두면 여러모로 편리하다. 없다면 반으로 자른 레몬을 손으로 꾹 짠 뒤 씨를 잘 걸러 사용한다.

5 붓

반죽 위에 달걀물 등을 바를 때 사용한다. 없다면 숟가락의 볼록한 면을 이용하여 살살 발라도 된다.

6 거품기

이 책에서는 주로 재료를 가볍게 섞거나 달걀을 푸는 용이라 집에 있는 아담한 크기의 거품기만 있어도 가능하다.

7 밀대

반죽을 일정한 두께로 평평하게 밀때 사용한다. 없다면 손으로 눌러 펼치고 큼직한 쟁반이나 접시로 균일하게 눌러 원하는 두께를 만들면 된다.

과자를 안전하고 편하게 굽기 위한 **오븐 도구**

1 식힘망

구운 과자의 열기를 빼고 형태가 안정되도록 놓아두는 용이다. 바닥에서 어느 정도 떨어져 있어야 습기가 차지 않고 잘 식는다.

2 쇠 꼬챙이

반죽이 익었는지 확인하는 용도이다. 대체로 꼬챙이에 아무것도 묻어나지 않으면 반죽이 익은 것으로 본다. 이쑤시개 등으로도 가능하지만 길이가 길쭉하면 다양한 홈베이킹에 안전하게 사용할 수 있다.

3 실리콘 매트

반죽이 들러붙지 않으며, 다 구운 구움 과자를 이리저리 옮겨 식히기에도 편리하다. 세척하여 반영구적으로 쓸 수 있기 때문에 하나 정도 가지고 있으면 유용하다.

4 오븐 트레이

오븐을 구입할 때 트레이가 포함되어 있지만 1~2개 더 구입해두면 편리하다. 과자를 굽기도 하지만 견과류를 따로 구워 식히는 용도로 쓰기 때문이다. 새로 구입할 때는 가지고 있는 오븐 크기에 맞는 걸 사야한다.

5 오븐용 장갑

오븐을 사용하다 보면 뜨거운 것을 직접 잡는 손보다는 손목이나 팔뚝 부위를 데이는 경우가 많다. 손목이나 팔뚝을 덮을 수 있는 길쭉한 장갑을 하나 정도 갖고 있으면 좋다.

6 오븐용 기름 종이

과자나 빵 틀에 유산지를 먼저 깔고 반죽을 넣어 구우면 완성한 뒤 틀에서 빼내기가 훨씬 수월하다. 제빵 용품 파는 곳에서 구할 수 있는 유산지나 실리콘 페이퍼를 사면 된다.

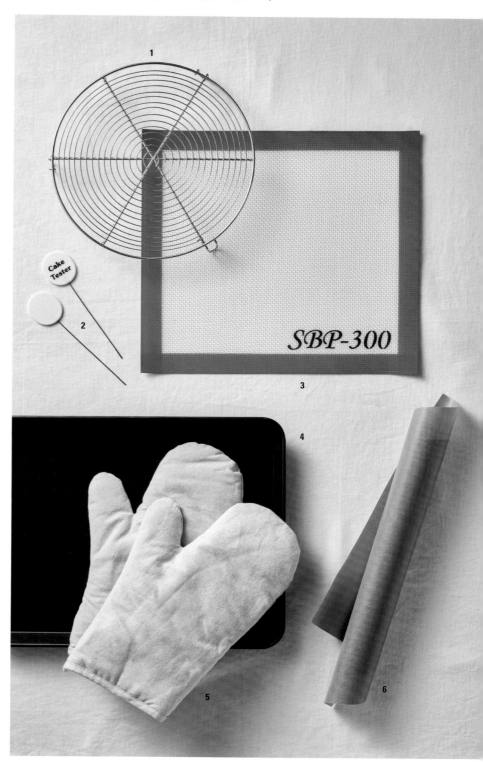

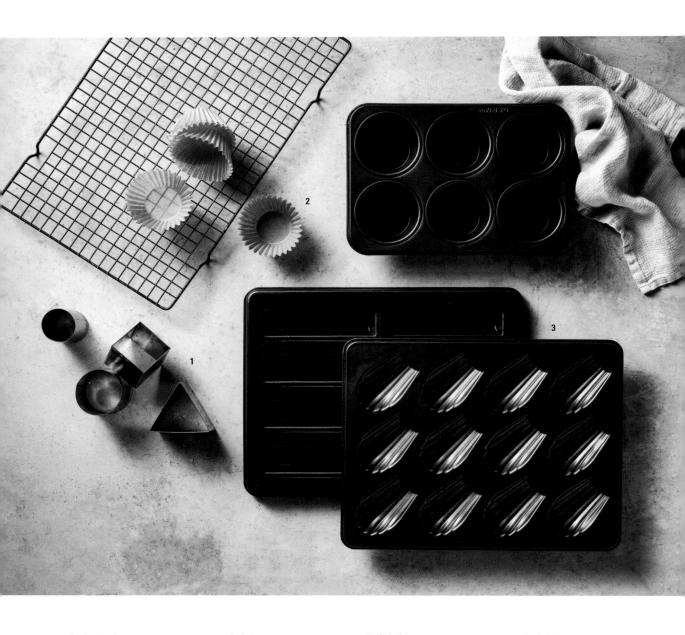

여러 가지
모양을 내기 위한
다양한 과자 틀

1 모양 커터

쿠키나 스콘 반죽에 사용할 수 있다. 완성된 반죽을 적당한 두께로 납작하게 펼쳐 놓고 수직으로 눌러 반죽을 잘라 낸다. 모양 내고 남은 반죽은 다시 뭉쳐 사용하면 된다. 단, 반죽 크기나 모양이 바뀌면 굽는 시간도 조절해야 한다.

2 유산지 컵

이 책에 나오는 구움 과자 반죽은 농도가 묽고, 기름기가 적은 편이다. 형태를 고정해주며, 틀에서 잘 빼내기 위해 코팅된 유산지 컵을 사용하면 좋다.

3 구움 과자 틀

마들렌을 비롯하여 피낭시에, 미니 파운드케이크 등 다양한 구움 과자 틀이 있으며, 대체로 코팅처리가 되어 있어 사용하기 편리하다. 이 책에 나오는 마들렌이나 브라우니 반죽은 틀을 바꾸면 여러 가지 모양으로 구울 수 있다.

조리가 편리해지는
소형 가전

1 푸드 프로세서

물기 없는 재료를 섞고 가는 용도로 주로 사용되는 가전제품인데 채소 등을 다지거나 여러 재료의 입자를 곱게 갈면서 섞는 용도로도 쓴다. 수분이 없는 가루나 견과류 등 건조한 재료를 섞기고 갈기에는 믹서보다 훨씬 효과적이다.

2 전자 저울

가정에서 빵이나 과자를 구우려면 꼭 갖춰야하는 도구이다. 소금, 베이킹소다, 베이킹파우더 등은 미세한 양을 사용하기 때문에 반드시 전자저울로 계량하는 것이 좋다. 대형마트부터 다이소 같은 생활용품 가게 등에서 쉽게 구할 수 있다.

3 핸드 블렌더

재료를 빠른 시간 안에 골고루 섞는 용이다. 제과용 핸드 블렌더가 없다면 일명 '도깨비방망이' 등을 사용하면 된다. 단, 섞는 속도에 따라 반죽의 상태가 달라질 수 있으니 주의해야 한다.

HOMEBA
BEST
ITEMS

놓칠 수 없는 인기
구움 과자

집에서 손쉽게 구울 수 있으며 맛과 모양 또한
보장이 되는 구움 과자 삼총사를 소개합니다.
초콜릿의 진한 풍미와 쫀득하고 촉촉한 식감
이 살아 있는 브라우니, 촉촉하고 부드러우며
향긋한, 조개껍데기 모양 마들렌, 바삭바삭한
식감과 씹을수록 배어나는 고소한 풍미가 일
품인 비스코티 입니다.

누가 먹어도 좋아할 이 세 가지를 만들 때 설탕
은 전혀 들어가지 않아요. 설탕 없이 풍미와 식
감은 고스란히 살리면서 건강하고 맛좋은 구
움 과자 만드는 법을 알려드릴게요.

레몬 마들렌

글루텐프리 슈거프리	10~11개 분량	휴지 시간 포함 90분

갸름하고 통통한 조개 모양을 한 프랑스의 구움 과자 마들렌은 정말 매력적인 단과자이죠. 풍미 가득한 마들렌을 밀가루와 설탕을 넣지 않고 만들 수 있어요. 밀가루 대신 아몬드 가루를 넣어 훨씬 폭신폭신한데 부드러움과 촉촉함까지 살아 있어요. 'NO 밀가루'이지만 통통하게 솟아오른 볼록한 배꼽, 풍미 가득한 맛과 향은 마들렌 답게 잘 살아 있어요.

마들렌은 레몬이나 오렌지를 넣어 기분좋은 향을 더하고, 만들 때 거품을 많이 올리지 않는 반죽이예요. 녹인 버터를 넣고 휴지를 시킨 후 바로 구우면 되므로 무척 간단합니다.

재료

달걀 … 110g
나한과 감미료 … 39g
레몬즙 … 30g
레몬 제스트 … 2g
아몬드 가루 … 100g
베이킹파우더 … 5g
무염버터 … 70g

준비

1 오븐은 180℃로 예열한다.

2 달걀은 냉장실에서 꺼내 미리 계량하
여 상온에 둔다.

> 재료 간에 온도가 비슷하면 반죽을 만들 때 실
> 패할 확률이 낮다.

3 레몬은 껍질을 굵은 소금으로 문질러 깨
끗이 씻은 다음 물기를 닦고 제스터를 활
용해 노란 부분만 곱게 간다.

레몬 마들렌 만들기

1 믹싱 볼에 달걀 110g, 나한과 감미료 39g을 넣고 달걀이 완전히 풀어질 때까지 거품기로 섞는다.

2 다른 그릇에 따뜻한 물을 담고 그 위에 ①의 볼을 올리고 내열 주걱으로 저어가며 40℃ 정도로 중탕한다. 손으로 만졌을 때 미지근한 정도면 된다.

3 ②에 레몬즙 30g과 레몬 제스트 2g을 넣고 주걱으로 섞는다.

4 아몬드 가루 100g, 베이킹파우더 5g을 함께 체에 내려 ③에 넣고 주걱으로 잘 섞는다.

5 작은 그릇에 무염버터 70g을 넣고 ②와 같은 방법으로 중탕하여 녹인다. 전자레인지로 1분 정도 데워 버터를 녹여도 된다.

6 중탕한 버터를 ④에 넣고 주걱으로 골고루 섞어 반죽을 만든다. 버터가 뜨거우면 반죽이 묽어지고, 달걀이 익을 수 있으니 버터는 완전히 녹인 후 50℃ 이하 정도로 식힌 다음 섞는다.

녹인 버터를 손으로 만졌을 때 따끈한 정도면 된다.

8 마들렌 틀에 반죽을 약 30g씩 나누어 짜 넣는다.

> 일반 마들렌 틀이 가득 찰 정도로 짜 넣으면 약 30g이 된다.

7 ⑥의 볼에 랩을 씌워 냉장실에 넣고 1시간 동안 휴지한 뒤 짜주머니에 담는다.

9 반죽을 채운 마들렌 틀을 바닥에 탕탕 가볍게 내려친다. 이렇게 하면 반죽이 평평해지며 반죽 속 기포가 사라져 모양이 잘 나온다.

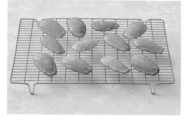

(TASTY TIP)

- 아몬드 가루 5g 대신 코코아파우더를 같은 양 넣으면 초콜릿 마들렌을 만들 수 있다.

- 레몬즙과 레몬 제스트 대신 오렌지즙이나 오렌지 제스트를 넣으면 오렌지 마들렌을 만들 수 있다.

- 마들렌 반죽 가운데에 잼을 짜 넣거나 초콜릿 조각을 넣어 만들어도 된다.

- 스테비아 그래뉼을 곱게 갈아 슈거파우더처럼 마들렌 위에 뿌려 장식할 수 있다.

10 180℃로 예열한 오븐에 넣어 13~15분 정도 굽는다. 마들렌 반죽의 볼록한 부분을 맨손으로 눌러봤을 때 물렁거리지 않고 단단하면 다 익은 것이다.

> 과자의 색을 균일하게 내고 싶다면 10~13분 사이에 오븐 팬을 돌려준다.

11 오븐에서 꺼내 뜨거운 상태의 마들렌을 틀에서 살살 빼내어 식힘망에 올려 식힌다.

> 아몬드 가루가 들어가 있어서 반죽이 틀에서 잘 떨어지는 편이다. 혹시 들러붙는 것이 걱정된다면 소량의 녹인 버터를 틀에 먼저 바른 다음 반죽을 넣고 굽는다.

슈거프리 브라우니

글루텐프리 슈거프리	13.5cm 정사각 틀 1개 분량	45분

브라우니는 달콤한 맛도 좋지만 사실 풍성하고 진한 초콜릿 맛이 매력적인 구움 과자이죠. 슈거프리 초콜릿 칩을 넉넉하게 넣어 브라우니를 만들면 당분 함량은 줄이면서 풍미는 그대로 유지할 수 있어요. 게다가 초콜릿 브라우니 특유의 묵직하고 찐득한 질감까지 살릴 수 있어요. 잘 구운 브라우니는 따뜻할 때, 완전히 식었을 때 그리고 냉동실에 얼려서 먹는 맛이 제각각 좋아서 입맛대로 다양한 맛과 스타일로 즐길 수 있어요.

재료

무염버터 … 60g
슈거프리 초콜릿 칩 … 120g
아몬드 가루 … 23g
코코아파우더 … 13g
달걀 … 83g
나한과 감미료 … 23g
소금 … 1g
생크림 … 25g
호두(분태) … 15g

준비

1   오븐을 170℃로 예열한다.

2   호두는 끓는 물에 넣고 1~2분 정
    도 데쳐서 물기를 빼고 키친타월
    위에 펼쳐 올려 물기를 제거한다.

    > 통호두도 손질 방법은 같다. 물에 데
    > 쳐 오븐에 구운 다음 호두를 칼로 굵
    > 게 썰어 준비한다.

3   오븐 팬에 실리콘 페이퍼를 깔고
    호두를 서로 겹치지 않게 넓게 펼
    쳐서 170℃의 오븐에 10~15분 정
    도 굽는다.

2

3

슈거프리 브라우니 만들기

1 작은 그릇에 무염버터 60g과 슈거
프리 초콜릿 칩 120g을 넣고 주걱
으로 저어가며 중탕으로 녹인다.

꼭 끓는 물이 아니라 따뜻한 물에서도 중탕
이 가능하다.

2 큼직한 믹싱 볼에 아몬드 가루 23g,
코코아파우더 13g을 함께 체에 내려
둔다.

3 ②에 중탕으로 녹인 ①의 버터와 초
콜릿을 넣는다.

4 ③에 나한과 감미료 23g, 소금 1g,
달걀 83g을 넣고 주걱으로 잘 섞
는다.

이때 거품기를 사용해도 된다.

5 생크림 25g을 전자레인지에 넣고
미지근하도록 15~30초 정도 데워
서 ④의 볼에 넣고 주걱으로 섞어 반죽을
완성한다.

6 브라우니 틀에 테프론 시트를 깔고
반죽을 넣은 다음 틀을 바닥에 탕
탕 내리쳐서 반죽 속 공기를 빼고 반죽을
잘 펴준다.

반죽 표면이 잘 안 펴질 경우 스크래퍼나
주걱으로 균일하게 펴주면 된다.

7 손질한 호두를 반죽 위에 골고루 뿌린다.

8 170℃로 예열한 오븐에 ⑦을 넣어 20~23분 정도 굽는다.

9 오븐에서 꺼내 한 김 식힌다.

10 미지근할 때 틀에서 테프론 시트 채로 뺀 다음 테프론 시트를 벗겨 식힘망에 올린다.

〈 TASTY TIP 〉

• 반죽 윗면에 호두 대신 피칸, 마카다미아, 헤이즐넛이나 슈거프리 초콜릿 칩을 올려 구워도 됩니다.

• 맛있게 구워진 브라우니는 완전히 식은 다음 썰어야 깔끔해요.

• 완전히 식은 브라우니를 냉동실에서 얼렸다가 먹으면 색다른 맛을 즐길 수 있어요. 먹기 10분 전에 냉동고에서 꺼내 두면 됩니다. 차가운 브라우니는 아이스크림과 곁들이면 좋아요.

NO 밀가루 비스코티

글루텐프리
슈거프리

9~10개
분량

식히는 시간
포함 90분

비스코티(BISCOTTI)는 이탈리아의 국민 비스킷이예요. '비스코티'는 '비스킷', '쿠키'와 같은 말로 사용되기도 하지만 '두 번 구웠다'는 뜻도 가지고 있어요. 두 번 굽기 때문에 다른 과자보다 훨씬 바삭바삭하답니다. 이 책에서는 밀가루를 하나도 넣지 않고 바삭함을 내는 방법을 알려드릴게요. 입이 심심할 때 우유나 커피에 찍어 먹는 간식, 크림치즈나 잼 등을 발라 허기를 달래는 끼니, 올리브, 햄, 앤초비와 곁들여 술안주 등으로 두루 활용할 수 있는 만점짜리 구움 과자에요.

재료

달걀 ⋯ 55g
포도씨유 ⋯ 55g
스테비아 그래뉼 ⋯ 51g
쌀가루 ⋯ 135g
베이킹파우더 ⋯ 2g
통아몬드 ⋯ 20g,
건포도 ⋯ 20g

준비

1   오븐은 170℃로 예열한다.

2   통아몬드는 끓는 물에 넣고 1~2
    분 정도 데친 다음 건져서 키친타
    월 위에 펼쳐 올려 물기를 제거한
    다.

3   오븐 팬에 실리콘 페이퍼를 깔
    고 통아몬드를 서로 겹치지 않
    게 넓게 펼쳐서 170℃의 오븐
    에 넣어 10분 정도 굽는다. 통아
    몬드는 위아래를 뒤집어 10분정
    도 더 굽는다.

4   찬물에 건포도와 분량 외의 소금
    을 조금 넣고 손으로 건포도를 비
    벼서 씻은 뒤 물기 빼 놓는다.

5   오븐은 180℃로 예열한다.

3

4

비스코티 만들기

1 믹싱 볼에 달걀 55g, 포도씨유 55g, 스테비아 그래뉼 51g을 넣고 핸드믹서를 1단에 놓고 1분 정도 잘 섞는다.

2 쌀가루 135g과 베이킹파우더 2g은 함께 체에 내려 ①에 넣고 주걱으로 섞는다.

3 가루가 보이지 않도록 잘 섞은 다음 미리 손질해 둔 통아몬드와 건포도를 넣어 섞는다.

4 ③을 손으로 잘 뭉쳐 반죽을 완성한다.

5 오븐 팬 위에 테프론 시트를 깔고 완성한 반죽을 두께 2cm, 넓이 15cm 정도의 타원형 모양으로 펴준다.

6 180℃로 예열한 오븐에 ⑤를 넣고 28~31분 정도 굽는다.

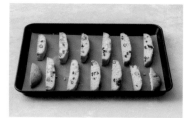

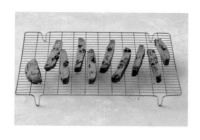

7 오븐에서 꺼내 30분 정도 그대로
식힌 다음 칼을 이용해 1.5cm 폭으
로 썬다. 오븐은 165℃로 다시 예열한다.

> 빵칼로 밀면서 써는 것보다 식칼로 누
> 르듯이 잘라야 부서지지 않는다.

8 오븐 팬 위에 ⑦을 올리고 165℃로
예열한 오븐에 넣고 10분 정도 굽는
다.

10 아래 위를 뒤집어서 10분 동안 더
구운 다음 오븐에서 꺼내 식힘망
에 올려서 식힌다.

(TASTY TIP)

• 반죽을 초벌로 구운 다음 완전히 식
은 다음에 잘라야 비스코티가 부서지
지 않아요.

• 완성된 비스코티는 완전히 식은 다음 먹
어야 제대로 된 바삭함을 느낄 수 있어
요.

• 완성한 비스코티는 밀봉하여 냉동 보
관하면 바삭함이 그대로 유지되어요.

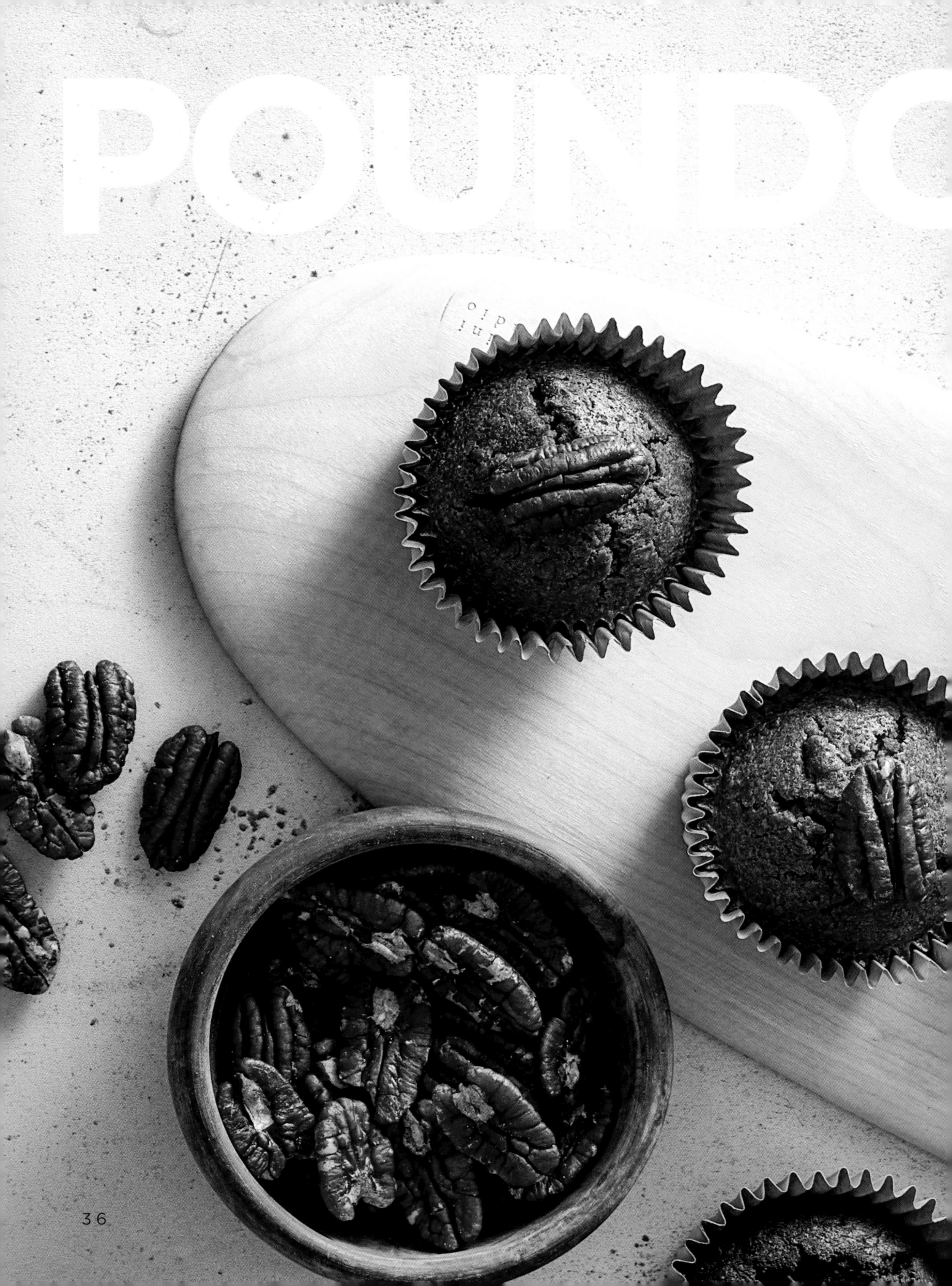
POUND

풍미 가득, 한입 가득
파운드케이크

보통 파운드케이크는 밀가루, 설탕, 달걀, 버터를 같은 비율로 섞어 만듭니다. 여기에서 설탕과 밀가루를 빼고 풍미와 식감을 그대로 느낄 수 있는 파운드케이크를 만들었어요.

설탕 없이 굽는 파운드케이크는 컵케이크와 닮은 모양이지만 특유의 묵직하고 조밀한 식감이 그대로예요. 맛있게 구운 파운드케이크는 실온에서 2~3일 정도, 냉동실에서 30일 정도 보관할 수 있어요.

반죽이 남았다면 냉장 보관하세요. 단, 냉장 반죽은 구울 때 많이 부풀지 않아 식감이 조금 단단하게 느껴질 수 있어요.

만들 때 주의할 점은 반죽할 때 분리가 일어나기 쉬워요. 액체재료는 꼭 조금씩 여러 번 나눠 넣으세요.

은은한 커피향이 솔솔~

피칸 모카 파운드케이크

글루텐프리
슈거프리

8개
분량

60분

재료

크림치즈 ⋯ 50g
스테비아 그래뉼 ⋯ 109g
무염버터 ⋯ 150g
달걀 ⋯ 100g
소금 ⋯ 1g
쌀가루 ⋯ 140g
베이킹파우더 ⋯ 3g
우유 ⋯ 50g
커피가루(동결건조) ⋯ 20g
피칸(분태) ⋯ 80g

준비

1   오븐을 170℃로 예열한다.

2   크림치즈와 버터는 냉장실에서 미
    리 꺼내 상온에 두어 말랑말랑한 상
    태가 되도록 한다.

3   달걀도 냉장실에서 꺼내 미리 계량
    하여 상온에 둔다.

4   피칸은 끓는 물에 넣고 1~2분 정
    도 데쳐서 물기를 빼고 키친타월 위
    에 펼쳐 올려 물기를 제거한다.

5   오븐 팬에 실리콘 페이퍼를 깔
    고 피칸을 서로 겹치지 않게 넓
    게 펼쳐서 약 170℃의 오븐에 넣어
    10~15분 정도 굽는다.

6   오븐을 175℃로 예열한다.

> 통피칸도 손질 방법은 같다. 물에 데
> 쳐 오븐에 구운 다음 피칸을 칼로 굵
> 게 썰어 준비한다.

피칸 모카 파운드케이크 만들기

1 믹싱 볼에 크림치즈 50g과 스테비아 그래뉼 109g을 넣고 주걱으로 골고루 섞는다.

2 핸드믹서를 1단에 놓고 ①을 골고루 섞은 다음 무염버터 150g을 넣고 핸드믹서로 2분 정도 골고루 섞는다.

3 미리 계량해 둔 달걀 100g에 소금 1g을 넣고 잘 푼다.

4 따뜻한 물이 담긴 그릇을 ③의 달걀 그릇 아래에 받친 다음 달걀을 미지근하게 데운다.

달걀이 차가우면 반죽이 분리될 수 있는데, ②의 버터 온도와 비슷해야 잘 섞인다.

5 살짝 데운 달걀을 ②에 3~4번 나누어 넣으며 핸드믹서로 섞는다. 처음에는 달걀물이 튈 수 있으니 저속으로 섞다가 점점 고속으로 올린다.

6 쌀가루 140g과 베이킹파우더 3g을 함께 체에 내려 ⑤에 넣고 주걱으로 잘 섞는다.

7 우유 50g에 커피가루 20g을 섞어 ④에서 달걀을 데울 때와 같은 방법으로 데워 ⑥에 3번 나누어 넣으며 주걱으로 잘 섞는다.

전자레인지로 우유에 섞은 커피 입자가 녹을 정도로 따뜻하게 데워도 됩니다.

8 ⑦에 피칸을 넣고 주걱으로 섞어 반죽을 완성한다.

9 ⑧을 짜주머니에 담고 코팅 유산지 컵에 약 80g씩 반죽을 짜 넣는다.

10 유산지 컵을 머핀 틀에 넣고, 틀을 바닥에 탕탕 내려쳐서 반죽 표면을 균일하게 만든다.

11 175℃로 예열한 오븐에 넣고 23~26분 정도 굽는다.

꼬치로 반죽을 찔러보아 아무것도 묻어나오지 않으면 완성이다.

12 잘 구워진 파운드케이크는 틀에서 컵 채로 바로 빼내어 식힘망에 올려서 식힌다.

(TASTY TIP)

• 피칸 모카 파운드케이크는 우유 또는 우유가 들어간 여러 음료와 잘 어울려요.

• 피칸 대신 호두, 캐슈너트, 헤이즐넛 등 다른 견과류를 사용해도 됩니다.

• 유산지 컵 외에 미니 파운드케이크 틀에 구워도 됩니다. 다만 굽는 시간은 크기에 따라 조절하세요.

• 커피가 들어간 파운드케이크이니 아이들에게 먹일 때는 주의하세요.

(TASTY STORY)
스테비아 그래뉼

국화과 식물에서 추출한 '스테비아'와 과일의 포도당을 자연 발효한 '에리스리톨'을 혼합하여 만든 천연 단맛 재료에요. 청량한 단맛이 나는 재료이지만 혈당수치를 급격히 올리지 않으며, 몸에 남거나 축적되지 않고 모두 배출되어 누구나 안심하고 먹을 수 있답니다.

은은한 쑥향에 무화과는 쫄깃쫄깃

쑥 무화과
파운드케이크

 글루텐프리
슈거프리

 8개
분량

 60분

재료

크림치즈 … 50g
스테비아 그래뉼 … 109g
무염버터 … 150g
달걀 … 120g

소금 … 1g
쌀가루 … 140g
쑥가루 … 20g
베이킹파우더 … 3g
우유 … 30g
반건조 무화과 … 80g

준비

1   오븐을 175℃로 예열한다.

2   크림치즈와 버터는 냉장실에서 미리 꺼내 상온에 두어 말랑말랑한 상태가 되도록 한다.

3   달걀도 냉장실에서 꺼내 미리 계량하여 상온에 둔다.

4   반건조 무화과는 물에 담가 5~10분 정도 불린다.

5   무화과를 건져 물기를 제거하고 꼭지를 잘라 낸 다음 과육을 4~6등분 한다.

무화과를 썰 때 칼보다 가위를 쓰는 게 더 편리하다.

4

5

1 믹싱 볼에 크림치즈 50g, 스테비아 그래뉼 109g을 넣고 주걱으로 잘 섞는다.

2 핸드믹서를 1단에 놓고 ①을 골고루 섞은 다음 무염버터 150g을 넣고 핸드믹서로 약 2분 동안 골고루 섞는다.

3 미리 계량해 둔 달걀 120g에 소금 1g을 넣고 잘 푼다.

4 따뜻한 물이 담긴 그릇을 ③의 달걀 그릇 아래에 받친 다음 달걀을 미지근하게 데운다.

달걀이 차가우면 반죽이 분리될 수 있는데, 버터의 온도와 비슷해야 잘 섞인다.

5 살짝 데운 달걀을 ②에 3~4번 나누어 넣으며 핸드믹서로 섞는다.

7 우유 30g을 ④에서 달걀을 데울 때와 같은 방법으로 미지근하게 만든다.

6 쌀가루 140g, 쑥가루 20g, 베이킹파우더 3g을 함께 체에 내려 ⑤에 넣고 주걱으로 잘 섞는다.

쑥가루는 섬유질이라 체에 완전히 내려가지 않는다. 남은 건더기를 반죽에 넣고 섞어도 된다.

8 우유를 ⑥에 2~3번 나누어 넣으며 주걱으로 잘 섞는다.

9 손질한 무화과를 ⑧에 넣고 주걱으로 섞어 반죽을 완성한다.

10 ⑨의 반죽을 짜주머니에 넣어 코팅 유산지 컵에 반죽을 약 80g씩 짜 넣는다.

11 유산지 컵을 머핀 틀에 넣고, 틀을 바닥에 탕탕 내려쳐서 반죽 표면을 균일하게 만든다.

12 175℃로 예열한 오븐에 넣고 23~26분 동안 굽는다.

꼬치로 반죽을 찔러보아 아무것도 묻어나오지 않으면 완성이다.

13 잘 구워진 파운드케이크는 오븐에서 꺼내 바로 컵 채로 빼내어 식힘망에 올려서 식힌다.

(TASTY STORY) 무화과	단맛이 좋으면서도 새콤한 맛도 가지고 있는 과일이에요. 생 무화과는 보관이 어렵고, 쉽게 무르지만 반건조 무화과는 구하기도 쉽고, 개봉 후에는 냉장 보관하면 됩니다. 새콤달콤한 맛이 그대로 느껴지며 쫄깃한 맛과 톡톡 터지는 씨의 식감이 아주 좋아요. 반건조 무화과를 구입할 때 당절임 등 당 처리가 되어 있는지 않은 것을 고르세요.
쑥	쑥은 향이 아주 은은하고 좋은 재료입니다. 일반 쑥가루 대신 인진쑥이나 개똥쑥으로 만든 가루를 사용해 파운드케이크를 만들면 쑥 특유의 쌉싸래한 맛과 향이 훨씬 진해집니다.

쌉싸래한 초콜릿 풍미가 살아 있는

초콜릿 파운드케이크

글루텐프리
슈거프리

8개
분량

60분

재료

크림치즈 … 50g
스테비아 그래뉼 … 109g
무염버터 … 150g
달걀 … 120g
소금 … 1g
쌀가루 … 140g
코코아파우더 … 40g
베이킹파우더 … 3g
우유 … 60g
슈거프리 초콜릿 칩 … 80g

준비

1 오븐을 175℃로 예열한다.

2 크림치즈와 버터는 냉장실에
   서 미리 꺼내 상온에 두어 말
   랑말랑한 상태가 되도록 한다.

3 달걀도 냉장실에서 꺼내 미리
   계량하여 상온에 둔다.

1 믹싱 볼에 크림치즈 50g과 스테비아 그래뉼 109g을 넣고 주걱으로 골고루 섞은 다음 핸드믹서를 1단에 놓고 다시 골고루 섞는다.

2 ①에 무염버터 150g을 넣고 핸드믹서로 약 2분 동안 골고루 섞는다.

3 미리 계량해 둔 달걀 120g에 소금 1g을 넣고 잘 푼다.

4 따뜻한 물이 담긴 그릇을 ③의 달걀 그릇 아래에 받친 다음 달걀을 미지근하게 데운다.

달걀이 차가우면 반죽이 분리될 수 있는데, 버터의 온도와 비슷해야 잘 섞인다.

5 따뜻하게 데운 달걀을 ②에 3~4번 나누어 넣으며 핸드믹서로 섞는다.

6 쌀가루 140g, 코코아파우더 40g, 베이킹파우더 3g을 함께 체에 내려 ⑤에 넣고 주걱으로 잘 섞는다.

7 우유 60g을 ④에서 달걀을 데울 때와 같은 방법으로 미지근하게 만든다.

8 우유를 ⑥에 2~3번 나누어 넣으며 주걱으로 잘 섞는다.

9 ⑧에 슈거프리 초콜릿 칩 80g을 넣고 주걱으로 섞어 반죽을 완성한다.

크기가 큰 초콜릿 칩은 손으로 부수어 넣는다.

10 ⑨의 반죽을 짜주머니에 넣은 다음 코팅 유산지 컵에 반죽을 약 80g씩 짜 넣는다.

11 유산지 컵을 머핀 틀에 넣고, 틀을 바닥에 탕탕 내려쳐서 반죽 표면을 균일하게 만든다.

12 175℃로 예열한 오븐에 넣고 23~26분 동안 굽는다.

꼬치로 반죽을 찔러보아 아무것도 묻어나오지 않으면 완성이다.

13 잘 구워진 파운드케이크는 오븐에서 꺼내 바로 틀에서 컵 채로 빼내어 식힘망에 올려서 식힌다.

(TASTY TIP)

• 슈거프리 초콜릿 칩을 중탕으로 녹여 완성된 파운드케이크 위에 끼얹어요. 근사한 모양은 물론이며, 풍미까지 더욱 진해져요.

• 초콜릿 파운드케이크를 반으로 잘라 전자레인지에 물 1컵과 함께 넣고 따뜻하게 데운 다음, 차가운 아이스크림을 올려 먹으면 입안에서 살살 녹는답니다.

(TASTY STORY)
슈거프리 초콜릿 칩

보통 초콜릿에는 설탕과 동물성 재료인 유지방이 들어 있습니다. 이 책에서 사용하는 초콜릿 칩은 달콤하고 쌉싸래한 초콜릿 특유의 맛이 진하게 살아 있는 비건 초콜릿 칩이에요. 당과 포화지방이 없으므로 혈당 조절과 다이어트에 도움이 되죠. 시중에서 구할 수 있는 다크초콜릿은 유지방이 적지만 단맛도 적어요. 구움 과자를 보다 쉽고 맛있게 구우려면 슈거프리 초콜릿 칩을 사용하는 게 좋아요.

쌀가루

'글루텐프리' 베이킹에 밀가루 대신 많이 사용하는 재료에요. 쌀가루로 만든 빵과 과자는 포슬포슬한 식감이 나는 게 특징이죠. 여러 가지 쌀가루가 있는데 베이킹에는 건식 쌀가루를 사용하세요.

폭신폭신 부드러운
머핀

머핀은 파운드케이크보다 훨씬 부드럽고 폭신폭신한 느낌이 나는 구움 과자예요. 포도씨유와 무가당 두유로 만든 비건 머핀, 크림치즈를 넣고 촉촉하게 만든 머핀, 과일을 넣어 풍성한 맛과 향을 살린 머핀, 팥 앙금을 넣은 독특한 머핀을 소개합니다. 역시 설탕과 밀가루는 전혀 들어가지 않으니 누구라도 부담 없이 먹을 수 있죠.

이 책에서 소개하는 머핀은 기름기가 많지 않으니 코팅 유산지를 사용하는 게 좋아요. 그래야 완성된 구움 과자가 유산지에 들러붙지 않

포슬포슬 맛좋은 비건 메뉴

당근 호두 머핀

글루텐프리
슈거프리
비건

7~8개
분량

45분

재료

포도씨유 … 20g
무가당 두유 … 180g
나한과 감미료 … 50g
소금 … 2g

현미가루 … 160g
아몬드 가루 … 72g
베이킹파우더 … 10g
시나몬 파우더 … 6g
당근 … 160g
호두(분태) … 60g

준비

1 오븐을 170℃로 예열한다.

2 호두는 끓는 물에 넣고 1~2분 정
도 데쳐서 물기를 빼고 키친타월
위에 펼쳐 올려 물기를 제거한다.

> 통호두도 손질 방법은 같다. 물에 데
> 쳐 오븐에 구운 다음 호두를 칼로 굵
> 게 썰어 준비한다.

3 오븐 팬에 실리콘 페이퍼를 깔고
호두를 서로 겹치지 않게 넓게 펼
쳐서 170℃의 오븐에서 10~15분
정도 굽는다.

4 당근은 굵게 다진다.

> 채 썰어도 되지만 다지는 것이 식감
> 이 더 좋다.

당근 호두 머핀 만들기

1 믹싱 볼에 포도씨유 20g, 무가당 두유 180g, 나한과 감미료 50g, 소금 2g을 넣고 거품기로 잘 섞는다.

2 ①에 현미가루 160g, 베이킹파우더 10g, 시나몬 파우더 6g을 함께 체에 내려 넣는다.

3 조금 구멍이 큰 체에 아몬드 가루 72g을 내려 ②에 넣고 거품기로 섞는다.

가루재료의 입자 굵기에 따라 구멍 크기가 다른 체를 사용하면 좋다. 구멍이 큰 체가 없다면 가루재료를 살살 문질러가며 체에 남김 없이 내린다.

4 ③에 다진 당근과 손질한 호두의 ¾ 정도를 넣고 주걱으로 골고루 섞는다.

5 ④를 짜주머니에 담는다.

6 코팅 유산지 컵에 반죽을 약 90g씩 짜 넣는다.

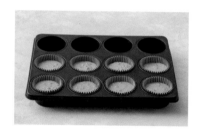

7 유산지 컵을 머핀 틀에 넣고, 틀을 바닥에 탕탕 내려쳐서 반죽 표면을 균일하게 만든다.

8 남겨둔 호두를 반죽 위에 골고루 뿌린다.

9 170℃로 예열한 오븐에 넣고 28분 정도 굽는다.

> 표면을 맨손으로 눌렀을 때 물렁물렁하지 않고 단단하면 완성이다.

10 잘 구워진 머핀은 오븐에서 꺼내 바로 틀에서 컵 채로 빼내어 식힘 망에 올려서 식힌다.

(TASTY TIP)

• 무가당 두유 대신 아몬드나 귀리 밀크, 현미가루 대신 오트밀 가루나 미강가루를 같은 양만큼 바꿔 넣어 만들어도 됩니다.

• 맛있게 구운 머핀 윗면에 크림치즈를 올리면 시중에 파는 당근 케이크 같은 맛과 모양을 낼 수 있어요.

(TASTY STORY)
나한과 감미료

나한과는 박과의 일종인데 말려서 약재나 차로 많이 사용하는 재료예요. 나한과 감미료는 나한과 분말과 에리스리톨을 합쳐서 만든 설탕 대체 재료예요. 청량한 단맛이 나는 스테비아 그래뉼과 달리 나한과 감미료는 쌉싸래한 단맛이 납니다. 당류는 0%이며 체내 흡수가 되지 않아요. 또한 GI(식품의 혈당 상승 속도)지수가 거의 없는 편이고요. 참고로 꿀은 GI지수가 88, 설탕은 109랍니다.

현미가루

현미가루는 왕겨만 벗긴 쌀을 가루로 낸 것이죠. 쌀겨와 배아까지 가루로 만들었기에 영양소와 식이섬유가 풍부해요. 질감은 일반 쌀가루보다 거칠고 맛은 고소해요. 쌀겨를 가루로 만든 미강가루를 현미가루 대신 사용해도 되는데, 미강가루는 탄수화물 함량은 낮지만 지방 함량이 높답니다.

새콤달콤한 과일의 맛과 향이 물씬
라즈베리 머핀

글루텐프리
슈거프리

6~7개
분량

45분

재료

포도씨유 ⋯ 60g
사워크림 ⋯ 120g
나한과 감미료 ⋯ 78g
달걀 ⋯ 60g
소금 ⋯ 2g
레몬즙 ⋯ 30g
레몬제스트 ⋯ 4g
쌀가루 ⋯ 185g
베이킹파우더 ⋯ 6g
냉동 라즈베리(혹은 싱싱한 것) ⋯ 110g

준비

1   오븐을 180℃로 예열한다.

2   달걀은 미리 계량해둔다.

라즈베리 머핀 만들기

1 믹싱 볼에 포도씨유 60g, 사워크림 120g, 나한과 감미료 78g을 넣고 거품기로 잘 섞는다.

2 ①에 미리 계량해 놓은 달걀 60g과 소금 2g을 넣고 거품기로 잘 섞는다.

3 ②에 레몬즙 30g과 레몬 제스트 4g을 넣고 거품기나 주걱으로 잘 섞는다.

5 반죽에 냉동 상태의 라즈베리 110g을 넣어 주걱으로 살살 섞는다.

6 ⑤의 반죽을 짜주머니에 담는다.

4 ③에 쌀가루 185g과 베이킹파우더 6g을 함께 체에 내려 넣고 거품기나 주걱으로 골고루 섞는다.

7 코팅 유산지 컵에 반죽을 약 90g씩 짜 넣는다.

8 유산지 컵을 머핀 틀에 넣고, 틀을 바닥에 탕탕 내려쳐서 반죽 표면을 균일하게 만든다.

9 180℃로 예열한 오븐에 넣고 28~31분 정도 굽는다.

표면을 맨손으로 눌렀을 때 물렁물렁하지 않고 단단하면 완성이다.

10 잘 구워진 머핀은 오븐에서 꺼내 바로 틀에서 컵 채로 빼내어 식힘망에 올려서 식힌다.

(TASTY TIP)

• 사워크림 대신 무가당 요거트를 사용해서 만들어도 됩니다.

• 라즈베리 대신 블루베리, 오디, 산딸기 등을 사용해도 됩니다.

• 생 라즈베리를 사용한다면 과육이 으깨지지 않게 더욱 살살 섞어야 합니다.

• 식감보다는 고운 색을 내고 싶다면 냉동 라즈베리를 녹여서 사용하세요.

(TASTY STORY)
라즈베리

새콤달콤한 맛이 좋은 라즈베리에는 비타민과 미네랄 그리고 섬유소가 풍부해요. 풍성한 맛에 비해 열량도 낮은 편이라 다이어트에도 도움이 되죠. 또한 다른 과일에 비해 씨가 많기 때문에 오메가3지방산도 섭취할 수 있어요.

달고 부드러운 풍미의 비건 머핀

바나나 머핀

글루텐프리
슈거프리
비건

6~7개
분량

45분

재료

포도씨유 … 20g
무가당 두유 … 180g
나한과 감미료 … 39g
잘 익은 바나나 … 80g
현미가루 … 160g
아몬드 가루 … 72g
베이킹파우더 … 10g
바나나(장식용) … ⅔조각

준비

1   오븐을 170℃로 예열한다.

2   머핀 위에 얹을 장식용 바나나는
    6~7조각으로 슬라이스 한다.

바나나 머핀 만들기

1 믹싱 볼에 포도씨유 20g, 무가당 두유 180g, 나한과 감미료 39g을 넣고 거품기로 고루 섞는다.

2 다른 그릇에 잘 익은 바나나 80g을 넣고 위생장갑을 끼고 손으로 주물러 으깬다.

3 으깬 바나나를 ①에 넣고 거품기로 잘 섞는다.

4 현미가루 160g과 베이킹파우더 10g을 함께 체에 내려 ③에 넣는다.

5 조금 구멍이 큰 체에 아몬드 가루 72g를 내려 ④에 넣는다.

가루재료의 입자 굵기에 따라 구멍 크기가 다른 체를 사용하면 좋다. 구멍이 큰 체가 없다면 가루재료를 살살 문질러가며 체에 남김 없이 내린다.

6 ⑤를 거품기로 잘 섞은 후 짜주머니에 담는다.

7 코팅 유산지 컵에 반죽을 약 70g씩 짜 넣는다.

8 유산지 컵을 머핀 틀에 넣고, 틀을 바닥에 탕탕 내려쳐서 반죽 표면을 균일하게 만든 다음 바나나를 한 쪽씩 반죽 위에 올린다.

9 170℃로 예열한 오븐에 넣고 28분 정도 굽는다.

표면을 맨손으로 눌렀을 때 물렁물렁하지 않고 단단하면 완성이다.

10 잘 구워진 머핀은 오븐에서 꺼내 바로 틀에서 컵 채로 빼내어 식힘망에 올려서 식힌다.

(TASTY TIP)

• 바나나 대신 바나나 칩을 올려 구우면 너무 딱딱해서 먹기 힘들어요.

• 먹을 때 바나나 슬라이스를 더 곁들이거나 휘핑 크림, 크림치즈 등을 곁들여 먹어도 맛있어요.

(TASTY STORY)
바나나

비건 베이킹에서 빼놓을 수 없는 맛보장 재료입니다. 구움 과자 반죽에 사용할 바나나는 껍질 표면이 검게 잘 익은 것을 사용해야 당도와 향이 좋습니다. 달고 부드러운 바나나는 70%가 수분으로 이루어져 있으며, 칼륨이 풍부해서 몸속 나트륨을 배출하고 부기를 빼는 데 도움이 되어요. 또한, 마그네슘이 풍부하고 피로를 해소하는 데도 좋죠.

팥 앙금을 뚝딱 만들어 넣어요

녹차 팥 머핀

글루텐프리
슈거프리

7~8개
분량

45분

재료

크림치즈 … 75g
나한과 감미료 … 77g
포도씨유 … 90g
달걀 … 60g
소금 … 3g
바닐라 오일 … 8g
쌀가루 … 180g
베이킹파우더 … 6g
녹차가루 … 12g
우유 … 60g

팥 앙금 재료

볶은 팥가루 … 50g
따뜻한 물 … 100g
스테비아 그래뉼 … 9g
소금 … 1g

준비

1   오븐을 190℃로 예열한다.

2   작은 믹싱 볼에 팥 앙금 재료를 모두 넣고 거품기로 잘 섞어 팥 앙금을 만든다.

> 물을 한꺼번에 섞지 않고 앙금의 농도를 봐가면서 조금씩 넣는다.

3   완성한 팥 앙금은 짜주머니에 넣는다.

4   크림치즈는 냉장실에서 미리 꺼내 상온에 두어 말랑말랑한 상태가 되도록 한다.

녹차 팥 머핀 만들기

1 믹싱 볼에 크림치즈 75g과 나한과 감미료 77g을 넣고 주걱으로 잘 섞은 다음 핸드믹서를 1단에 놓고 1~2분 정도 골고루 섞는다.

2 ①에 포도씨유 90g을 넣은 다음 핸드믹서를 1단에 놓고 잘 섞는다.

3 ②에 달걀 60g, 소금 3g, 바닐라 오일 8g을 넣고 핸드믹서를 1단에 놓고 1~2분 정도 잘 섞는다.

> 달걀을 넣고 핸드믹서를 고속으로 작동하면 달걀물이 튈 수 있다.

4 쌀가루 180g, 베이킹파우더 6g, 녹차가루 12g을 함께 체에 내려 ③에 넣고 주걱으로 잘 섞는다.

5 ④에 우유 60g을 넣고 주걱으로 골고루 섞는다.

6 ⑤의 반죽을 짜주머니에 담는다.

7 코팅 유산지 컵에 반죽을 약 40g씩 짜 넣는다.

8 녹차 반죽 위에 미리 만들어 둔 팥 앙금을 20g씩 짜 올린다.

9 ⑧의 팥 앙금이 덮힐 수 있도록 다시 녹차 반죽을 30g씩 짜 넣는다.

10 유산지 컵을 머핀 틀에 넣고, 틀을 바닥에 탕탕 내려쳐서 반죽 표면을 균일하게 만든다.

11 190℃로 예열한 오븐에 넣고 27분 정도 굽는다.

표면을 맨손으로 눌렀을 때 물렁물렁하지 않고 단단하면 완성이다.

12 잘 구워진 머핀은 오븐에서 꺼내 바로 틀에서 컵 채로 빼내어 식힘망에 올려서 식힌다.

(TASTY TIP)

• 팥 앙금 대신 크림치즈나 고구마무스 등을 넣어도 잘 어울려요.
고구마무스는 찐 고구마를 으깬 다음 두유나 우유 혹은 생크림 등을 넣고 골고루 섞어 부드럽게 만들면 됩니다. 무스의 단맛은 스테비아 그래뉼이나 나한과 감미료로 내주세요.

(TASTY STORY)
바닐라 오일

바닐라 에센스를 많이 사용하지만 구움 과자 반죽에는 휘발성이 있는 에센스보다는 오일을 넣어야 향이 은은하게 오래 갑니다. 게다가 바닐라 오일은 달걀 같은 재료의 잡냄새를 없애주는 역할도 하지요.

팥

은은한 단맛이 밴 팥 앙금을 뚝딱 만들 수 있는 방법을 알려드렸어요. 팥은 구수한 맛과 향도 좋지만 사포닌이 풍부해 이뇨작용을 돕고 피부와 모공의 오염물질을 없애 준다고 합니다. 아토피 피부염 같은 피부 질환에도 도움이 되고 칼륨이 풍부해 부기를 줄이고 혈압상승을 억제해요.

촉촉하고 고소한
스콘

여러분이 생각하는 맛있는 스콘은 버터의 풍미가 진하고 촘촘한 결이 살아 있는 모양이겠지요. 설탕과 밀가루를 빼고, 동물성 지방을 적게 사용하면서 맛좋은 스콘을 만들기란 생각보다 쉽지 않았어요.

이 책에서 소개하는 스콘은 버터가 적게 들어가기 때문에 시중에 판매하는 스콘처럼 결이 촘촘하지는 않아요. 대신 우리가 기대하는 스콘의 풍미는 그대로 살아 있습니다. 게다가 촉촉하고 부드러워 먹을 때 목이 메는 건조한 스콘이 아니예요.

이 책을 따라하여 스콘을 만들 때에는 최대한 차갑고 단단한 버터를 사용하세요. 그래야 버터 사이사이에 공기층이 생겨 더 맛있게 팽창한답니다.

S

밀가루도 넣지 않고 만드는 비건 스콘

단호박 스콘

글루텐프리
슈거프리
비건

8~9개
분량

35분

재료

아몬드 가루 … 300g

스테비아 그래뉼 … 50g

베이킹파우더 … 4g

단호박 가루 … 40g

무가당 두유 … 140g

소금 … 3g

단호박 슬라이스(껍질이 있는 것) … 8~9개

준비

1   오븐을 180℃로 예열한다.

단호박 스콘 만들기

1 믹싱 볼에 아몬드 가루 300g, 스테비아 그래뉼 50g, 베이킹파우더 4g, 단호박 가루 40g을 함께 체에 내려 넣는다.

2 ①에 무가당 두유 140g과 소금 3g을 넣고 주걱으로 잘 섞어 반죽을 만든다. 반죽을 비닐봉지에 넣거나 랩을 씌워 냉장실에서 1시간 동안 휴지한다.

3 반죽을 60g씩 분할하여 손으로 동글납작하게 만들어 윗면에 단호박 슬라이스를 1쪽씩 올린다.

4 오븐 팬 위에 테프론 시트를 깔고 반죽끼리 5cm 정도의 간격을 떼고 얹는다.

컨벡션 오븐은 바람이 불기 때문에 테프론 시트가 날리지 않도록 사방에 반죽을 놓아 고정시킨다.

5 180℃로 예열한 오븐에 넣고 13~14분 동안 굽는다.

6 잘 구워진 스콘은 오븐에서 꺼내 식힘망에 올려서 식힌다.

《 TASTY TIP 》

• 단호박 대신 고구마를 얇게 썰어 사용
해도 됩니다.

• 단호박 스콘은 단맛이 은은하게 나기
때문에 달지 않은 플레인 요거트나 이
책에 나온 견과류 잼을 발라 먹으면 아
주 맛있어요.

《 TASTY STORY 》
단호박

단호박은 식이섬유가 풍부하고 열량이 낮아 다이어트에 좋은 식품이에요. 또한 베타카로틴이 풍부
해서 피부 건강과 눈 건강, 감기 예방에도 효과가 있어요. 단호박에 든 당분은 소화 흡수가 잘 되기
때문에 위장이 약한 사람도 마음 놓고 먹을 수 있어요. 단호박 가루를 구입할 때는 설탕이 들어가지
않았는지 꼭 확인하세요. 단호박 가루는 색도 곱지만 은은한 단맛이 정말 좋아요.

S

밥 대신 먹으면 딱 좋은 식사 스콘

베이컨 치즈 스콘

글루텐프리
슈거프리

8~9개
분량

🕐
100분

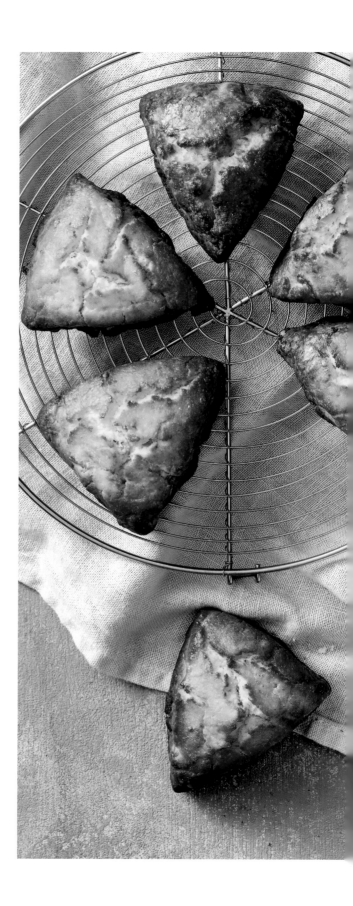

재료

무염버터 … 90g
쌀가루 … 180g
체다치즈 가루 … 40g
베이킹파우더 … 7g

스테비아 그래뉼 … 39g
소금 … 1g
달걀 … 30g
우유 … 35g
사워크림 … 20g
베이컨 … 40g

준비

1   오븐을 190℃로 예열한다.

2   베이컨은 1cm 폭으로 썬다.

3   여분의 달걀 1개를 그릇에 깨 넣
고 잘 풀어서 반죽 표면에 바를 달
걀물을 만들어 둔다.

2

베이컨 치즈 스콘 만들기

1 무염버터 90g은 냉장실에서 바로 꺼내 단단할 때 칼로 사방 1cm 크기로 깍둑 썬다.

2 믹싱 볼에 쌀가루 180g, 체다치즈 가루 40g, 베이킹파우더 7g을 함께 체에 내려 둔다.

3 ②에 ①의 버터와 스테비아 그래뉼 39g, 소금 1g을 넣고 손으로 버터 표면에 가루재료가 잘 묻을 수 있게 골고루 버무린다.

4 ③을 푸드프로세서에 넣고 모래알 정도 크기의 입자로 간다.

5 ④를 깨끗한 곳에 붓고 손으로 움푹하게 홈을 판 뒤 달걀 30g, 우유 35g, 사워크림 20g을 넣고 스크래퍼로 섞는다.

> 액체를 부었을 때 옆으로 새어 나가지 않도록 홈을 파는 것이다. 스크래퍼가 없다면 작은 주걱이나 손으로 살살 섞어도 된다.

6 ⑤의 가루재료와 액체재료가 잘 섞이면 베이컨을 넣고 손으로 주물러 반죽을 뭉친다. 두께 2cm 정도로 평평하게, 만들고자 하는 스콘 크기를 염두에 두고 반죽 모양을 잡는다.

7 반죽을 비닐봉지에 넣거나 랩을 씌워 냉장실에서 1시간 동안 휴지한다.

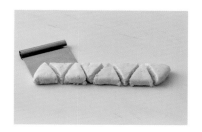

8 휴지한 반죽을 50~55g씩 분할하여 세모 모양으로 만든다. 또는, 반죽을 삼각형 틀로 찍거나 칼을 사용하여 삼각형으로 8~9등분 한다.

9 오븐 팬 위에 테프론 시트를 깔고 반죽끼리 7cm 정도 간격을 떼고 올린다.

컨벡션 오븐은 바람이 불기 때문에 테프론 시트가 날리지 않도록 사방에 반죽을 놓아 고정시킨다.

10 미리 만들어 둔 달걀물을 반죽 윗부분에 붓으로 바른다.

붓이 없으면 숟가락으로 달걀물을 얹고 숟가락의 볼록한 등 부분으로 발라도 된다.

11 190℃로 예열한 오븐에 넣고 18분 정도 굽는다.

12 잘 구워진 스콘은 오븐에서 꺼내 식힘망에 올려서 식힌다.

(TASTY TIP)

• 체다치즈 가루 대신 파르마산치즈 가루를 넣어도 됩니다.

• 가루 치즈 대신 덩어리 치즈를 갈아 반죽에 넣어도 되고, 사워크림 대신 떠먹는 무가당 요거트를 넣어도 됩니다.

코코넛 스콘

| 글루텐프리 슈거프리 저탄고지 | 8~9개 분량 | 100분 |

재료

아몬드 가루 … 250g
스테비아 그래뉼 … 50g
베이킹파우더 … 4g
코코넛 가루 … 150g
생크림 … 130g
소금 … 3g

준비

1   오븐을 180℃로 예열한다.

코코넛 스콘 만들기

1 조금 구멍이 큰 체를 준비해 아몬드 가루 250g을 체에 내려 믹싱 볼에 넣는다.

아몬드 가루는 입자가 굵어 체의 구멍이 크면 편리하다. 구멍이 큰 체가 없다면 가루재료를 살살 문질러가며 체에 남김 없이 내리도록 한다.

2 ①에 스테비아 그래뉼 50g, 베이킹 파우더 4g, 코코넛 가루 150g을 함께 체에 내려 넣는다.

3 생크림 130g과 소금 3g을 넣고 주 걱으로 잘 섞은 다음 손으로 반죽을 한 덩어리로 뭉친다.

4 ③의 반죽은 밀대를 이용해 두께 2~3cm 정도로 평평하게 민다.

5 반죽을 비닐봉지에 넣거나 랩으로 감싸 냉장실에서 1시간 동안 휴지 한다.

6 휴지한 반죽을 삼각형 틀로 찍거나 칼로 썰어 원하는 모양을 만든다. 모 양 틀은 원하는 것으로 사용하면 된다.

7 스크래퍼를 이용해 각각 찍어낸 반죽의 모양이 반듯하게 잡히도록 여러 면을 눌러가며 다듬는다.

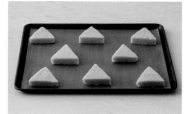

8 오븐 팬 위에 테프론 시트를 깔고 반죽끼리 5cm 정도 간격을 두고 올린다.

컨벡션 오븐은 바람이 불기 때문에 테프론 시트가 날리지 않도록 사방에 반죽을 놓아 고정시킨다.

9 180℃로 예열한 오븐에 넣고 14~17분 정도 굽는다.

10 잘 구워진 스콘은 오븐에서 꺼내 식힘망에 올려서 식힌다.

(TASTY TIP)

• 촉촉하며 맛이 순하고 고소하므로 잼이나 스프레드 없이 먹어도 맛있어요.

• 탄수화물은 적고 단백질과 지방은 풍부하게 들어있어 든든한 포만감을 선사합니다. 저탄고지 식단을 유지하는 이들에게 도움이 되는 스콘입니다.

(TASTY STORY)
코코넛

코코넛에는 식이섬유가 풍부하여 장운동을 촉진할 뿐만 아니라 소화와 흡수가 잘 이루어지기 때문에 변비를 해소하는데 효과적입니다. 코코넛은 마그네슘, 칼슘의 체내 흡수율을 높여 뼈를 건강하게 해주고 골다공증, 관절염 예방에도 도움을 줍니다. 코코넛 가루는 고단백 저탄수화물 식품이며 글루텐이 함유되어 있지 않아 밀가루 대용 건강식으로 좋습니다. 또한, 낮은 GI지수를 가지고 있어서 당뇨병을 가진 이들도 걱정 없이 먹을 수 있습니다.

바질 토마토 스콘

글루텐프리
슈거프리

6~7개
분량

100분

재료

무염버터 … 90g
쌀가루 … 200g
베이킹파우더 … 7g
스테비아 그래뉼 … 39g
소금 … 2g
바질 페스토 … 23g
달걀 … 30g,
우유 … 35g
사워크림 … 20g
선 드라이드 토마토 … 48g

준비

1   오븐을 190℃로 예열한다.

2   선 드라이드 토마토는 3~4등분 한다.

3   여분의 달걀 1개를 그릇에 깨 넣고 잘
    풀어서 반죽 표면에 바를 달걀물을 만
    들어 둔다.

바질 토마토 스콘 만들기

1 무염버터 90g은 냉장실에서 바로 꺼내 딱딱할 때 칼로 사방 1cm 크기로 깍둑 썰기 한다.

2 믹싱 볼에 쌀가루 200g과 베이킹파우더 7g을 함께 체에 내려 둔다.

3 ②에 스테비아 그래뉼 39g, 소금 2g, ①의 버터를 넣는다. 손으로 주무르듯 버무려 버터 표면에 가루재료가 잘 묻을 수 있게 한다.

4 ③을 푸드프로세서에 넣고 모래알 정도 크기의 입자로 간다.

5 ④를 깨끗한 곳에 붓고 손으로 움푹하게 홈을 판 뒤 바질 페스토 23g, 달걀 30g, 우유 35g, 사워크림 20g을 넣고 스크래퍼나 주걱으로 잘 섞는다.

> 액체를 부었을 때 옆으로 새어 나가지 않도록 홈을 파는 것이다.

6 가루재료와 액체재료가 잘 섞이면 손질해 둔 선 드라이드 토마토를 넣고 손으로 뭉쳐 반죽을 완성한다.

7 반죽을 두께 2~3cm 정도의 긴 직사각형으로 뭉쳐 랩을 씌워 냉장실에 넣고 1시간 정도 휴지한다.

8 반죽을 6등분 정도하면 약 70g씩 나눠진다. 분할한 반죽은 4~5cm 길이의 정사각형 모양으로 만든다.

9 베이킹 팬 위에 테프론 시트를 깔고 반죽을 7cm 정도 간격을 떼고 올린다.

컨벡션 오븐은 바람이 불기 때문에 테프론 시트가 날리지 않도록 사방에 반죽을 놓아 고정시킨다.

10 미리 만들어 둔 달걀물을 반죽 윗부분에 붓으로 바른다.

붓이 없으면 숟가락으로 달걀물을 얹고 숟가락의 불룩한 등 부분으로 발라도 된다.

11 190℃로 예열한 오븐에 넣고 18분 정도 굽는다.

12 잘 구워진 스콘은 오븐에서 꺼내 식힘망에 올려서 식힌다.

(TASTY TIP)

• 좀 더 새콤한 맛과 풍미를 내고 싶다면 선 드라이드 토마토의 양을 늘리면 됩니다.

• 선 드라이드 토마토가 보관되어 있던 오일에 스콘을 찍어 먹어도 맛있고, 바질 페스토와 사워크림을 곁들여 먹어도 좋습니다.

(TASTY STORY)
바질 페스토

달콤한 향이 좋은 허브인 바질과 올리브 오일, 마늘, 잣, 치즈를 넣고 갈아 만든 이탈리아의 유명한 허브 식품입니다. 파스타 소스로 활용하기 좋으며, 빵에 스프레드처럼 발라 먹기도 하고, 샐러드 드레싱에 넣기도 합니다. 특히, 토마토와 무척 잘 어울립니다. 시중에서 병에 든 바질 페스토를 쉽게 구할 수 있습니다.

선 드라이드 토마토

선 드라이드 토마토는 토마토를 말린 것으로 특유의 풍미와 맛이 진하며, 새콤함도 살아 있습니다. 대체로 식물성 오일에 절인 것을 구할 수 있는데 소금, 후추, 통마늘을 넣어 맛과 향을 더한 것이므로 그대로 먹어도 맛있습니다. 샌드위치, 파스타, 피자 토핑 등으로 사용하며 샐러드에 곁들이고, 간단한 술안주로도 잘 어울립니다.

플레인 스콘

| 글루텐프리
슈거프리 | 7~8개
분량 | 110분 |

• 팥앙금과 앙버터 만드는 법은 90쪽에 있습니다.

재료

무염버터 … 100g
쌀가루 … 200g
베이킹파우더 … 4g
스테비아 그래뉼 … 31g
소금 … 3g
생크림 … 100g

준비

1   오븐을 190℃로 예열한다.

2   여분의 달걀 1개를 그릇에 깨 넣고 잘 풀어서 반죽 표면에 바를 달걀물을 만들어 둔다.

플레인 스콘 만들기

1 무염버터 100g은 냉장실에서 바로 꺼내 딱딱할 때 칼로 사방 1cm 크기로 깍둑 썰기 한다.

2 믹싱 볼에 쌀가루 200g과 베이킹파우더 4g을 함께 체에 내려 둔다.

3 ②에 스테비아 그래뉼 31g, 소금 3g, ①의 버터를 넣는다. 손으로 주무르듯 버무려 버터 표면에 가루재료가 잘 묻을 수 있게 한다.

4 ③을 푸드프로세서에 넣고 모래알 정도 크기의 입자로 간다.

5 ④를 깨끗한 곳에 붓고 손으로 움푹하게 홈을 판 뒤 생크림 100g을 붓고 스크래퍼로 잘 섞는다.

액체를 부었을 때 옆으로 새어 나가지 않도록 홈을 파는 것이다. 스크래퍼가 없다면 작은 주걱이나 손으로 살살 섞어도 된다.

6 반죽이 어느 정도 섞이면 손으로 잘 뭉쳐서 두께 2~3cm 정도로 만든다.

7 반죽을 직사각형으로 만든 다음 비닐봉지에 넣거나 랩을 씌워 냉장실에서 1시간 정도 휴지한다.

8 휴지를 마친 반죽은 사각형으로 7~8등분 한다. 한 개의 무게가 50~55g 정도면 된다.

9 베이킹 팬 위에 테프론 시트를 깔고 반죽을 7cm 정도 간격을 떼고 올린다.

컨벡션 오븐은 바람이 불기 때문에 테프론 시트가 날리지 않도록 사방에 반죽을 놓아 고정시킨다.

10 미리 준비한 달걀물을 반죽 윗부분에 붓으로 바른다.

붓이 없으면 숟가락으로 달걀물을 얹고 숟가락의 볼록한 등 부분으로 발라도 된다.

11 190℃로 예열한 오븐에 넣고 20분 정도 굽는다.

12 잘 구워진 스콘은 오븐에서 꺼내 식힘망에 올려서 식힌다.

앙버터 만들기

팥앙금 재료

볶은 팥가루 … 50g
따뜻한 물 … 100g
스테비아 그래뉼 … 9g
소금 … 1g

1 그릇에 분량의 따뜻한 물을 붓고 볶은 팥가루와 스테비아 그래뉼을 넣고 잘 섞어 팥앙금을 만들어 둔다.

2 차가운 상태의 가염버터를 준비해 두께 0.5~1cm, 사방 4~5cm 크기의 정사각형으로 자른다.

3 버터 크기와 비슷하게 팥앙금을 손으로 뭉쳐서 사각형 모양으로 만든다.

자신이 만든 스콘 크기에 맞춰 버터와 팥앙금 모양을 만드세요.

4 완전히 식은 스콘을 반 갈라서 잘라 놓은 버터와 팥 양금을 스콘 사이에 끼워 앙버터 샌드를 만든다.

(TASTY TIP)

• 제시된 팥앙금 분량으로 3~4개 정도의 앙버터를 만들 수 있다.

끼니도 되고, 간식도 되고, 후식도 되는
스콘 다양하게 즐기는 법

1
영국 스타일로 차와 함께~

스콘을 오븐이나 전자레인지로 데우세요. 따뜻한 스콘에 클로티드 크림(우유로 만든 스프레드 같은 크림)과 새콤달 콤한 과일 잼을 발라 먹습니다. 커피도 좋지만 쌉싸래한 맛이 나는 홍차, 달지 않은 밀크티, 우유와 곁들이면 잘 어울려요.

2
다이어터를 위한 든든한 한 끼~

이 책에서 소개하는 스콘은 체중 조절 중인 '다이어터'라도 부담 없이 먹을 수 있습니다. 스콘과 그릭요거트를 곁들여 드세요. 그릭요거트에 스콘 조각을 푹 찍어 먹으면 맛도 좋고, 포만감도 선사합니다. 아몬드나 호두, 마른 과일을 곁들여 씹는 맛을 더하거나 꿀, 메이플 시럽 등을 한두 방울도 곁들여도 좋습니다.

3
스콘 샌드위치를 아시나요?

스콘을 반으로 갈라서 딸기잼을 골고루 바르고, 달걀 요리를 올려 스콘 샌드위치를 만들어보세요. 달걀프라이도 좋지만 삶은 달걀로 만든 달걀 샐러드를 올리면 촉촉하고 한결 맛있어요.

또는, 스콘 한 쪽에 잼을 바르고 슬라이스 햄과 치즈, 잎채소를 올리세요. 남은 스콘 한 쪽에는 마요네즈나 머스터드를 바릅니다. 심플하고 깔끔한 맛의 샌드위치가 완성됩니다.

4
달콤한 스콘 디저트로~

스콘 위에 휘핑한 생크림을 바르고 과일을 몇 쪽 올립니다. 과일은 좋아하는 것은 무엇이든 사용할 수 있지만 사과, 바나나, 천도복숭아, 씨 없는 포도, 블루베리, 딸기처럼 물이 많이 나오지 않는 것을 선택하세요. 생크림을 단단하게 거품 내어 스콘 사이에 크림과 과일을 듬뿍, 두툼하게 넣어 만들어도 됩니다.

도톰하고 쫀득한
쿠키

**밀가루와 설탕이 들어가지 않은 쿠키를 상상
해본 적 있나요?** 자연 재료에서 얻은 고운 색
과 풍성한 맛 그리고 쫀득한 식감을 가진 무설
탕 쿠키는 상상 이상으로 맛있답니다.

이번에 소개하는 쿠키는 밀가루 대신 콩가루,
검은깨 가루, 쌀가루, 아몬드 가루 등을 넣고
만든 것입니다.

물론, 다음에 만들어 볼 모든 쿠키는 **칼로리나
혈당수치 같은 건강 걱정은 내려놓고 먹을 수
있답니다.** 쿠키 반죽은 넉넉히 만들어 냉동 보
관했다가 필요할 때마다 구워 먹으면 편리합
니다.

고소한 풍미가 매력적인

흑임자 쿠키

☺	🗒	🕐
글루텐프리 슈거프리	7~8개 분량	45분

재료

무염버터 … 110g
스테비아 그래뉼 … 85g
달걀 … 50g
소금 … 2g
바닐라 오일 … 1g
콩가루 … 100g
흑임자가루 … 100g
베이킹파우더 … 4g
베이킹소다 … 4g

준비

1 오븐을 180℃로 예열한다.

2 버터는 냉장실에서 미리 상온에 꺼내 두어 말랑말랑한 상태가 되도록 한다.

3 달걀, 소금, 바닐라 오일을 계량하여 작은 그릇에 함께 담아 둔다.

> 이렇게 하면 소금이 달걀에 녹아 반죽할 때 소금이 뭉치지 않는다.

3

흑임자 쿠키 만들기

1 믹싱 볼에 무염버터 110g과 스테비아 그래뉼 85g을 넣는다. 핸드믹서를 저속으로 하여 1~2분 정도 섞는다.

2 골고루 혼합되면 미리 섞어 둔 달걀 50g, 소금 2g, 바닐라 오일 1g을 가볍게 풀어서 ①에 2~3번 나누어 넣는다. 핸드믹서를 1단계로 놓고 1~2분 정도 섞는다.

3 조금 구멍이 큰 체에 콩가루 100g과 흑임자가루 100g을 내려 ②에 넣는다.

가루재료의 입자 굵기에 따라 구멍 크기가 다른 체를 사용하면 좋다. 구멍이 큰 체가 없다면 가루재료를 살살 문질러가며 체에 남김 없이 내린다.

4 고운 체에 베이킹파우더 4g과 베이킹소다 4g을 함께 체에 내려 ③에 넣는다.

5 주걱으로 골고루 섞어 반죽을 만든다.

완성한 반죽을 랩으로 덮어 냉장실에서 1시간 동안 휴지하면 스쿱 쿠키의 모양이 더 예쁘게 떠진다.

6 아이스크림 스쿱으로 반죽을 50g씩 떠놓는다.

아이스크롭 한 스쿱이면 대략 50g이 된다. 스쿱이 없다면 손으로 떼어 계량해도 된다.

7 베이킹 팬 위에 테프론 시트를 깐 다음 반죽을 5~6cn 간격으로 놓고 살짝 누른다.

쿠키는 많이 부풀지 않으니 간격을 넓게 떼지 않아도 된다.

8 180℃로 예열한 오븐에 ⑦을 넣고 8분 정도 굽는다.

9 뒤집개 같은 도구로 반죽 윗면을 살짝 눌러 평평하게 만든다.

구우면서 살짝 퍼지니 너무 납작하게 누르지는 않는다.

10 다시 오븐에 넣고 6분 정도 더 굽는다.

반죽 색이 어두워서 타는 것을 모를 수 있으니 굽는 시간을 잘 확인해야 한다.

11 잘 구워진 쿠키를 오븐에서 꺼내 식힘망에 올려서 식힌다.

(TASTY TIP)

• 구수한 맛이 좋은 흑임자 쿠키는 달콤한 것과 곁들여 먹으면 맛있어요. 아이스크림, 꿀, 잼 등과 잘 어울리며, 폭신하여 우유나 요거트에 적셔 먹어도 좋아요.

• 인공 색소 대신 흑임자, 단호박, 쑥 같이 색이 나는 가루를 써서 쿠키를 구워요. 색도 곱지만 맛과 향도 은은하게 좋아져요.

(TASTY STORY)
흑임자

흑임자는 흔한 재료이지만 동의보감에 기록되어 있는 곡류 중에서 맨 먼저 소개될 정도로 건강에 이롭답니다. 맛도 고소하고, 모양이나 색을 내기에도 좋은 재료이며 톡톡 씹히는 맛도 좋아요. 흑임자는 단백질을 다량 함유하고 있어서 탈모를 예방하고 개선하며, 오메가3·6·9가 풍부하게 들어있어 암 예방에도 도움이 된다고 알려져 있습니다. 일반 깨보다 레시틴이 풍부해 기억력 및 집중력을 높이는 데 도움이 되어 치매를 예방하는 식품으로도 알려져 있고요.

C

무설탕 쿠키 반죽의 기본

현미 초코 아몬드 쿠키

글루텐프리
슈거프리

10개
분량

40분

재료

무염버터 ⋯ 96g
스테비아 그래뉼 ⋯ 80g
달걀 ⋯ 18g
바닐라 오일 ⋯ 3g
소금 ⋯ 2g
현미가루 ⋯ 100g
코코아파우더 ⋯ 32g
베이킹파우더 ⋯ 2g
슈거프리 초콜릿 칩 ⋯ 66g
아몬드 슬라이스 ⋯ 54g

준비

1 오븐을 180℃로 예열한다.

2 버터는 냉장실에서 미리 상온에
꺼내 두어 말랑말랑한 상태가 되
도록 한다.

3 달걀, 소금, 바닐라 오일을 계량하
여 작은 그릇에 함께 담아 둔다.

이렇게 하면 소금이 달걀에 녹아 반
죽할 때 소금이 뭉치지 않는다.

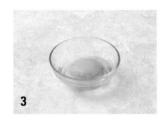
3

현미 초코 아몬드 쿠키 만들기

1 믹싱 볼에 무염버터 96g과 스테비아 그래뉼 80g을 넣고 핸드믹서를 1단으로 하여 1분 정도 섞는다.

2 골고루 혼합되면 2단으로 놓고 2분 정도 섞는다.

3 미리 섞어 둔 달걀 18g, 소금 2g, 바닐라 오일 3g을 가볍게 풀어서 ②에 넣는다.

4 핸드믹서를 1단으로 놓고 1~2분 정도 골고루 섞어 겉도는 재료가 없도록 만든다.

5 현미가루 100g, 코코아파우더 32g, 베이킹파우더 2g을 함께 체에 내려 ④에 넣고 주걱으로 잘 섞는다.

6 ⑤에 슈거프리 초콜릿 칩 66g, 아몬드 슬라이스 54g을 넣고 주걱으로 섞어 반죽을 완성한다.

크기가 큰 초콜릿 칩은 손으로 대강 부수어 넣는다.

7 반죽을 40g씩 분할하여 손으로 동 글납작한 모양을 만든다.

8 베이킹 팬 위에 테프론 시트를 깔고 반죽을 놓는다.

9 180℃로 예열한 오븐에 넣어 9~10 분 동안 굽는다.

(TASTY TIP)

• 초콜릿 칩과 아몬드 슬라이스를 빼면 가장 기본적인 '설탕 없는 쿠키' 레시피 이니 취향대로 재료를 바꿔 만들어보 세요.

• 현미가루 대신 오트밀이나 통밀가루를 동량 사용해도 됩니다. 오트밀가루로 쿠 키를 만들면 탄수화물 함량이 적어지 고, 단백질 함량이 올라가며 맛은 현미 가루와 비슷합니다. 통밀가루를 사용하 면 바삭바삭한 식감이 좋아집니다.

10 잘 구워진 쿠키를 오븐에서 꺼내 식힘망에 올려서 식힌다.

색소 없이 만든 핑크 쿠키

홍국 베리 쿠키

글루텐프리 슈거프리 | 8개 분량 | 40분

재료

무염버터 … 110g
스테비아 그래뉼 … 85g
달걀 … 50g
소금 … 2g
바닐라오일 … 1g
쌀가루 … 150g
홍국 쌀가루 … 30g
베이킹파우더 … 4g
베이킹소다 … 4g
반건조 서양 자두(드라이 프룬) … 25g
반건조 살구 … 25g

준비

1   오븐을 180℃로 예열한다.

2   버터는 냉장실에서 미리 상온에 꺼내
    두어 말랑말랑한 상태가 되도록 한다.

3   마른 자두와 살구는 물에 담가 5~10분
    정도 불린 다음 물기를 제거하고 4등
    분 한다.

4   달걀, 소금, 바닐라 오일을 계량하여 작
    은 그릇에 함께 담아 둔다.

> 이렇게 하면 소금이 달걀에 녹아 반죽할
> 때 소금이 뭉치지 않는다.

3

홍국 베리 쿠키 만들기

1 믹싱 볼에 무염버터 110g과 스테비아 그래뉼 85g을 넣고 핸드믹서를 1단으로 하여 1분 정도 섞는다.

2 골고루 혼합되면 핸드믹서를 2단으로 놓고 2분 정도 섞는다.

3 미리 섞어 둔 달걀 50g, 소금 2g, 바닐라 오일 1g을 가볍게 풀어서 ②에 넣는다.

4 핸드믹서를 1단으로 놓고 1~2분 정도 골고루 섞어 겉도는 재료가 없도록 만든다.

5 쌀가루 150g, 홍국 쌀가루 30g, 베이킹파우더 4g, 베이킹소다 4g을 함께 체에 내려 ④에 넣고 주걱으로 골고루 섞는다.

6 ⑤에 불려서 손질해 둔 서양 자두와 살구를 넣고 잘 섞어 반죽을 완성한다.

완성한 반죽을 랩으로 덮어 냉장실에서 1시간 동안 휴지하면 스쿱 쿠키의 모양이 더 예쁘게 떠진다.

7 베이킹 팬 위에 테프론 시트를 깐다. 반죽을 아이스크림 스쿱으로 약 50g 떠서 팬에 놓고 손으로 살짝 누른다. 스쿱이 없으면 손으로 떼어 뭉치면 된다.

한 스쿱이 약 50g 정도 되어 계량이 편리하다.

8 180℃로 예열한 오븐에 ⑦을 넣고 8분 정도 굽는다.

9 베이킹 팬을 꺼내 반죽 윗면을 뒤집개 등으로 살짝 눌러 평평하게 만든다.

일정한 두께로 누르지 않으면 완성된 쿠키의 색이 제각각 달라집니다.

10 다시 오븐에 넣고 6분 정도 더 굽는다.

11 잘 구워진 쿠키를 오븐에서 꺼내 식힘망에 올려서 식힌다.

(TASTY TIP)

• 쿠키 위에 아이스크림을 올려 쿠키 샌드로 만들어 먹으면 색도 예쁘고 맛도 잘 어울립니다.

(TASTY STORY)
홍국 쌀가루

눈에 확 띄며 식욕을 돋우는 붉은 색을 내기 위해 식용 색소를 많이 사용하지만 홍국 쌀가루를 사용하면 색소가 필요 없어요. 홍국 쌀가루는 백미에 홍국균을 넣어 3~4주간 발효하여 만든 고체 배양 쌀가루입니다. 발효과정에서 생성되는 모나콜린 성분이 성인병을 예방하고 콜레스테롤 수치를 낮춰주는 효과가 있고 혈액순환에 도움이 됩니다.

마른 과일

마른 과일은 단맛, 새콤한 맛, 쫄깃한 식감, 군침 도는 향을 선사합니다. 마른 과일은 이 책에서 사용한 것 외에도 다양한 종류가 있지만 100% 건조제품인지 꼭 확인하고 사용하세요. 건조 과정 중에 설탕 등의 첨가물이 함유되어 있는 것이 생각보다 많습니다.

달지 않고 영양 만점
잼

설탕 없이 만드는 **잼은 과일로 단맛을 내고,**
견과류와 식물성 오일로 부드러운 질감을 만
들었습니다. 자연 재료에서 진한 맛이 우러나
므로 어떤 재료와도 부드럽게 잘 어울립니다.
이 책에 나오는 여러 가지 구움 과자와 곁들여
먹고, 토스트나 샌드위치의 스프레드로 사용
해보세요. 맛뿐 아니라 좋은 **영양까지 가득 채**
웠으며, 만들기도 무척 쉽습니다. 넉넉히 만들
어 가족 모두 마음 편히 맛있게 즐기고, 건강
을 생각하는 친구들에게도 선물해보세요.

땅콩버터가 울고 갈 극강의 고소함

견과류 잼

글루텐프리
슈거프리
비건

총량
350~400g

45분

재료

해바라기씨 … 250g
통아몬드 … 250g
포도씨유 … 30g
소금 … 2g

1 오븐은 170℃로 예열한다.

2 해바라기씨와 통아몬드는 끓는 물에 넣고 1~2분 정도 데쳐서 물기를 빼고 키친 타월 위에 펼쳐 올려 물기를 제거한다.

견과류 잼 만들기

1 잘 씻어 물기를 뺀 해바라기씨 250g과 통아몬드 250g을 오븐 트레이에 각각 평평하게 깐 다음 160~170℃로 예열한 오븐에 넣고 굽는다.

2 10분 마다 오븐을 열어 해바라기씨와 아몬드를 내열주걱으로 잘 섞어가며 색깔 상태를 확인하며 굽는다. 수분이 완전히 날아가고, 색이 처음보다 조금 진해지면 잘 구워진 것이다.

재료의 상태에 따라 20~40분 정도 시간이 걸릴 수 있다.

3 구운 해바라기씨와 아몬드가 완전히 식으면 푸드프로세서에 포도씨유 30g, 소금 2g과 함께 넣고 곱게 갈아 잼을 완성한다.

(TIP)
잼을 보관할 병은 열탕 소독하여 준비한다.

1 냄비 바닥에 행주를 깔고 빈 유리병을 뒤집어서 행주 위에 세운다.
2 냄비에 찬물을 붓고 끓인다.
3 병 안에 수증기가 차면 3~5분 정도 더 끓인다.
4 불을 끄고 유리병을 뒤집어 바로 세운다.
5 병 안에 차 있던 수증기가 날아가면 냄비에서 유리병을 꺼내 똑바로 세워서 말린다.

(TASTY TIP)

• 열탕 소독한 유리병에 넣어 냉장실에 보관하면 2주일 정도 두고 먹을 수 있어요.

• 식빵이나 크래커 또는 바나나 같은 과일에 발라 먹으면 고소한 맛이 아주 잘 어울려요.

• 과일이 들어가는 샌드위치를 만들 때 스프레드로 사용하면 고소한 풍미가 잘 어울려요.

• 견과류나 마른 과일이 들어간 쿠키를 만들 때 반죽에 넣고 구워도 맛있어요.

달콤함과 고소함을 한꺼번에 맛본다

캐슈너트 대추야자 잼

글루텐프리
슈거프리
비건

총량
250~300g

45분

재료

캐슈너트 … 220g
대추야자 … 90g
코코넛 오일 … 50g
소금 … 2g

준비

1   오븐은 180℃로 예열한다.

2   캐슈너트는 끓는 물에 넣고 1~2분 정도 데쳐서 물기를 빼고 키친타월 위에 펼쳐 올려 물기를 제거한다.

3   대추야자에 씨가 있다면 제거한다.

2

3

캐슈너트 대추야자 잼 만들기

1 잘 씻어 물기 뺀 캐슈너트 220g을 오븐 트레이에 평평하게 깐 다음 180℃로 예열한 오븐에 넣고 굽는다.

2 5분마다 오븐을 열어 내열주걱으로 캐슈너트를 잘 섞어가며 색깔 상태를 확인한다. 수분이 완전히 날아가고, 연한 갈색빛이 돌면 잘 구워진 것이다.

> 재료의 상태에 따라 10~15분 정도 시간이 걸릴 수 있다.

3 구운 캐슈너트가 완전히 식으면 푸드프로세서에 넣고 알갱이가 없는 크림 상태가 되도록 간다.

4 코코넛 오일 50g은 전자레인지에 20~30초 정도 데워서 녹인다. ③에 대추야자, 코코넛 오일 50g, 소금 2g을 넣고 대추야자의 입자가 고와질 때까지 충분히 갈아 잼을 완성한다.

(TASTY STORY)
코코넛 오일

야자수 열매인 코코넛에서 추출한 식물성 오일. 코코넛 오일은 신진대사를 촉진하고, 기초 대사량을 높여 몸에 지방이 쌓이는 것을 막아주는 주는 좋은 기름이죠. 화학적 정제를 거치지 않은 저온 압착 '엑스트라 버진 코코넛 오일'을 사용해야 몸에 이로운 영양소까지 모두 섭취할 수 있어요. 코코넛 오일은 동물성 지방인 버터 대신 사용할 수 있는데, 구움 과자를 촉촉하게 해주는 역할을 합니다. 향이 강한 편이니 너무 많은 양을 사용하지는 마세요.

대추야자

대추 야자나무의 열매로 우리나라에서 구할 수 있는 대추야자(date)는 주로 말린 것이 대부분이에요. 씨가 있는 것도 있고 씨를 뺀 것도 있으니 구하기 쉬운 것으로 선택하세요. 대추야자는 곶감처럼 말려서 먹기에 영양이 아주 농축되어 있어요. 당연히 단맛도 매우 진하고 끈적거리는 식감이 납니다. 대추야자를 요리에 활용하면 설탕 같은 단맛 재료의 양을 줄일 수 있어요.

(TASTY TIP)

• 대추야자가 없다면 곶감으로 대신하세요. 새콤한 잼이 좋다면 마른 서양자두(prune, 프룬)를 넣고요.

• 열탕 소독한 유리병에 넣어 냉장실에 보관하면 10일 정도 두고 먹을 수 있어요.

• 호밀빵이나 거친 곡물로 만든 크래커, 구운 빵 등에 얹어 먹으면 달콤하고도 고소한 맛이 잘 어울려요.

• 사과처럼 새콤달콤한 과일이 들어간 구움 과자, 케이크, 파이 등과 곁들여 드세요.

선물하기 좋은 설탕 없는 구움 과자

손쉬운 포장법

구움 과자 꾸러미

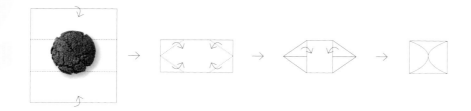

1   과자를 그림처럼 종이 가운데에 두세요.
2   과자를 감싸듯 위 아래의 종이를 과자 방향으로 겹치게 접어요.
3   사방 귀퉁이를 삼각형으로 안쪽을 향해 접어요.
4   양쪽에 만들어진 삼각형 부분을 과자 위로 포개어 접어요.
5   스티커를 붙이거나 꾸러미처럼 끈으로 묶어 장식해요.

• 과자의 부피보다 종이가 너무 크면 오히려 포장하기 힘들어요.

• 접어서 만드는 포장이니 구김이 가더라도 자연스럽고 예쁜 종이를 택하세요.

이 책에서 소개하는 구운 과자는 다이어터를 비롯하여 당뇨 환자, 알레르기 질환자 등 건강을 챙겨야 하는 이들에게 좋은 선물이 됩니다. 손재주가 없더라도 뚝딱 귀엽게 완성할 수 있는 포장법을 알려드릴게요. 잊지말아야할 것은 포장지는 식품 포장용으로 나온 종이를 선택하여 주세요. 혹 일반 포장지를 사용하고 싶다면 식품용 비닐 봉지 등에 과자를 넣은 다음 포장하세요.

구움 과자 주머니

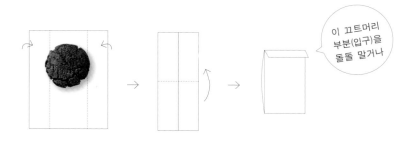

1   직사각형 종이를 길게 놓고 과자를 올려요.
2   그림처럼 과자를 세로 길이의 절반 위쪽에, 가로로는 가운데에 놓아요.
3   과자를 감싸듯 양 옆의 종이를 과자 방향으로 접어요.
4   과자를 감싸듯 길이로 반을 접어 올려요.
5   위쪽의 겹친 종이 부분이 입구가 됩니다.

• 입구 부분에 스티커를 붙여도 좋고, 구멍을 뚫어 끈으로 묶어도 됩니다.

구움 과자 컵

1 종이컵 가장자리의 도톰한 부분은 가위로 잘라냅니다.
2 선물할 과자를 담아 보고 높이를 가늠해요.
3 사진처럼 컵 윗부분을 8~10등분 하여 가위집을 내어요.
4 한 방향으로 돌아가며 가운데를 향해 깔끔하게 접어요.
5 끈으로 묶고 예쁜 종이나 스티커, 네임택 등으로 장식해요.

• 종이컵은 색깔과 크기가 다
 양하게 생산됩니다. 손수 구
 운 과자의 크기나 수량에
 따라 여러 가지 디자인으로
 바꿔보세요.

구움 과자 세트

1 식품용 포장 용기를 구해서 알맞은 크기로 유산지를 잘라 넣어요.
2 구움 과자와 잼을 담은 병 등을 보기좋게 담아요.
3 뚜껑을 덮은 다음 포장용기와 다른 재질이나 색감의 종이 혹은 패브릭으
    로 사진처럼 용기를 감싸세요.
4 예쁜 끈이나 계절감이 느껴지는 자연 소재 등으로 묶어 예쁘게 장식해요.

• 용기 안에 유산지를 깔면 보
  기에도 예쁘며 기름기나 수
  분 등을 흡수하여 여러모로
  깔끔해요.

설탕 없는 과자 굽기 Q&A

이 책에서 소개하는 레시피는 요리 초보라도 거뜬히 만들어 볼 수 있는 것이 대부분입니다. 그만큼 기초적인 질문도 많이 생길 수 있겠지요. 독자 여러분께서 궁금할 법한 내용을 정리해보았습니다.

Q1
재료와 도구는 어디에서 입수할 수 있나요

서울에 있는 '방산시장'에 가면 베이킹과 관련된 재료, 도구, 포장지까지 모두 구입할 수 있습니다. 최근에는 대형마트나 생활소품 가게 등에서도 다양한 베이킹 재료와 도구를 판매하고 있습니다. 또한, 방산시장에 있는 대부분의 가게는 온라인 숍도 운영하고 있으며, 필요한 제품이나 도구를 검색하면 온라인에서 쉽게 판매 정보를 찾을 수 있습니다.

스테비아 그래뉼, 슈거프리 초콜릿칩, 나한과 감미료, 반건조 살구, 반건조 무화과는 '설탕없는 과자공장(www.sgfree.kr)' 온라인 몰에서도 구입할 수 있습니다.

Q2
스테비아와 나한과 등은 다양한 브랜드의 제품이 있는데 아무거나 사용하면 되나요?

스테비아 그래뉼과 나한과 감미료는 제품 브랜드에 따라 맛의 차이가 조금씩 있습니다. 단맛의 정도도 조금씩 다르고, 다소 쌉싸래한 맛이 강한 것, 간혹 씁쓸한 맛이 나는 것도 있습니다. 처음 구매하는 브랜드의 제품이라면 과자를 굽기 전에 살짝 맛을 보고 사용하는 게 좋습니다.

Q3
스테비아 그래뉼과 나한과 감미료를 구분해서 사용해야 하나요?

두 재료는 미세하게 맛의 차이가 납니다. 이 책에서는 각 재료의 맛과 장점이 잘 살아나도록 두 가지를 구분하여 사용하고 있습니다. 하지만 집에서 구움 과자를 구울 때는 한 가지만 갖춰 두어도 됩니다. 스테비아 그래뉼과 나한과 감미료는 같은 양으로 서로 대체하여 사용할 수 있습니다.

Q4
우유는 무지방이나 저지방을 써도 되나요? 두유를 써도 되나요?

우유는 무지방이나 저지방을 사용해도 됩니다. 우유 대신 두유를 사용해도 괜찮지만 우유를 넣었을 때보다 조금 더 단단한 식감의 과자가 될 수 있습니다.

Q5
달걀도 '무게(g)'로 되어 있는데 어떻게 계량하면 좋을까요?

보통 달걀은 한 알에 50~60g 정도입니다. 다만 크기에 따라 조금씩 차이가 나므로 정확하게 계량하기 위해서는 달걀을 작은 그릇에 깬 다음 흰자와 노른자를 풀어 섞은 다음 계량하면 됩니다.

Q6
가루 재료는 왜 체에 내리나요?

가루에 섞여 있을 지도 모를 이물질을 거를 수 있고, 뭉친 가루를 풀어주면서 가루 사이사이에 공기가 들어가면 훨씬 부드러운 식감의 과자를 만들 수 있습니다.

Q7
핸드믹서 사용이 서툰데 주의할 점이 있나요?

달걀, 버터, 크림치즈, 스테비아 그래뉼, 나한과 감미료 같은 액체나 입자가 고운 재료를 섞을 때는 1단(저속)으로 사용하세요. 그렇지 않으면 재료가 사방으로 튈 수 있습니다. 핸드믹서는 사람이 거품기로 섞는 것보다 훨씬 힘이 좋으니 핸드믹서를 사용할 때는 재료의 양보다 훨씬 큰 믹싱 볼을 준비하는 게 좋습니다.

Q8
거품기와 핸드믹서는 왜 구분하여 쓰나요?

이 책에 나오는 레시피는 모두 거품기로 섞어도 되지만 반죽 시간을 줄이기 위해 핸드믹서를 사용했습니다. 핸드믹서가 없다면 거품기를 사용하면 됩니다.

Q9
푸드프로세서가 없어요. 스콘과 잼 등을 믹서로 만들어도 될까요?

가능합니다. 스콘을 만들 때는 차가운 버터와 가루재료를 버무린 다음 넓은 도마 등에 펴 놓고 스크래퍼로 다지듯 반죽을 쪼개면서 작은 크기로 만들면 됩니다. 그 다음에 액체재료를 넣고 손으로 잘 뭉쳐 반죽을 만듭니다.
잼은 믹서로도 가능하지만 푸드프로세서 만큼 곱게 갈리기는 힘듭니다. 믹서를 사용한다면 견과류와 마른 과일의 덩어리가 조금씩 씹히는 잼이 되겠네요.

Q10
휴지는 꼭 해야 하나요?

이 책에서는 반죽을 휴지하는 것이 필수는 아닙니다. 다만 휴지를 거친 반죽은 상태가 안정되어 반죽을 다루고, 모양잡기가 더 쉬워집니다. 작업을 더 효과적으로 하기 위해 휴지하는 경우가 많지요. 책 속 레시피에서 휴지를 권하면 되도록 따르는 것이 좋습니다.

Q11
분리된 반죽은 버려야 하나요?

반죽이 분리되면 매끄러운 반죽이 아닌 몽글몽글한 덩어리가 되며 덩어리 사이사이에 물기가 생깁니다. 분리된 반죽으로 구움 과자를 만들면 기름기가 많이 묻어나오며, 오븐에서 구워도 제대로 부풀지 않습니다. 당연히 식감도 거칠어지게 됩니다. 먹지 못하는 것은 아니지만 좋은 식감이 아닐 확률이 높습니다.

Q12
반죽을 틀에 넣고 바닥에 내리치는 이유는 무엇인가요?

반죽을 거품기 등으로 섞을 때 반죽 속에 들어간 공기(기포)를 없애기 위한 작업입니다. 기포가 그대로 남아 있으면 부드러운 식감으로 완성되지 않습니다.

Q13
반죽이 분리된 것 같아요. 어떤 문제가 있었을까요?

사진처럼 반죽이 뭉치지 않으면 분리된 것입니다. 이유는 버터가 너무 차갑거나, 버터와 스테비아 그래뉼이 충분히 혼합되지 않았거나, 달걀과 버터의 온도차이가 너무 크게 나면 잘 섞이지 않아서 분리됩니다.

Q15
설탕 없이 구운 과자의 데코레이션 아이디어가 있다면 알려주세요.

가장 쉬운 방법은 스테비아 그래뉼이나 나한과 감미료를 곱게 빻아 슈거파우더처럼 사용하는 것입니다. 희고 고운 가루를 색이 진한 구움 과자 위에 뿌리면 먹음직스럽고 예쁩니다. 또 한 가지는 슈거프리 초콜릿 칩을 녹여 장식하는 것입니다. 쿠키나 마들렌, 비스코티 등에 녹인 초콜릿으로 옷을 입혀 굳혀도 좋고, 머핀이나 파운드케이크 등에 녹인 초콜릿을 끼얹고 견과류나 마른 과일로 장식합니다. 여기에 스테비아 그래뉼로 만든 슈거파우더를 뿌리면 더욱 예쁘겠지요.

Q16
구움 과자 보관은 어떻게 하면 좋을까요?

구움 과자는 밀봉해서 꼭 실온보관하세요. 냉장 보관하면 과자가 딱딱해집니다. 오래 두고 먹을 것이라면 식은 다음 밀봉하여 냉동 보관하면 됩니다.

Q14
제대로 모양이 안 나온 것 같아요. 왜 일까요?

마들렌의 경우 달걀을 중탕할 때 익지 않도록 조심해야 합니다. 또한, 버터를 너무 뜨겁게 데우면 반죽이 중간에 익어버려 모양이 제대로 나오지 않을 수 있습니다.
파운드케이크는 버터와 스테비아 그래뉼을 충분히 섞은 다음 달걀을 넣어야 반죽이 잘 됩니다.
스콘은 휴지하지 않고 바로 굽게 되면 반죽이 옆으로 퍼질 수 있습니다. 또한, 구울 때 스콘의 색을 골고루 내고 싶다면 70~80% 정도 구운 다음 오븐 팬을 돌려주세요.
마지막으로, 완성된 구움 과자를 너무 뜨거울 때 힘주어 잡거나 서로 겹쳐 두거나, 누르면 형태가 변형될 수 있습니다. 식힘망에 올려 뜨거운 김이 빠지고 형태가 안정될 때까지 기다려주세요.

'설탕없는 과자공장'이 공유해요

설탕없는 과자공장

790 Posts	1.9만 Followers	178 Following

동물성 단백질 VS 식물성 단백질

탄수화물 섭취를 줄이는 대신 단백질 섭취를 늘리는 사람들이 많죠? 소고기를 먹을까, 생선을 먹을까, 우유를 마실까, 콩을 먹을까와 같은 고민을 합니다. 한 연구팀이 일일 섭취 칼로리의 3%만이라도 동물성 단백질을 식물성 단백질로 대체했을 때 줄일 수 있는 총 사망률을 계산했다고 합니다. (중략)

일일 섭취 칼로리의 일정 부분을 탄수화물 대신 동물성 단백질로 섭취한 그룹의 심혈관 질환 사망률은 8% 증가, 식물성 단백질로 섭취한 그룹의 심혈관 질한 사망률은 12% 감소했다고 합니다. 물론, 개인차이가 있습니다. 그러나 흡연자, 과음하거나 운동 부족인 사람, 과체중과 비만인 사람에게 동물성 단백질의 유해성과 식물성 단백질의 이점이 도드라지게 나타났다고 합니다. _허핑턴포스트 코리아 '금나나의 하버드레터 중'

우리 아이들의 당 섭취를 줄여야 한다

서울시 청소년의 비만율이 10년 사이에 두 배 가까이 증가한 것으로 나타났다.

주 3회 이상 단맛 음료 섭취율은 2014년 40.2%에서 2018년 54.2%로 증가했으며, 주 3회 이상 탄산음료 섭취율은 2011년 23.1%에서 2018년 35.1%로 늘어났다. 우리나라 청소년의 하루 평균 당 섭취량은 80.8g으로 전 연령대 중 가장 높으며, 세계보건기구(WHO) 권고량인 50g을 초과하고 있다. (후략) _ 세계일보

빵+초코우유 하나면 하루 당류 섭취량 끝!

식약처에서 국내에서 유통되고 있는 빵류 199개를 조사한 결과, 평균 당류함량이 1일 권장섭취량의 46%에 달하는 것으로 나타났습니다. 조사 대상은 마트, 편의점, 베이커리 전문점 등에서 판매하는 빵입니다. 만약 빵과 초코우유를 함께 섭취하면 1일 당류 섭취 권고량의 90%에 달하게 됩니다. (후략)_ 뉴시스

설탕과 단 것 많이 먹으면 암 활발히 퍼져

설탕이나 단 것을 많이 섭취하면 유방암 전이가 활발해진다는 연구결과가 나왔다. 한국연구재단은 박종완 서울대 의과대학 교수 연구팀이 유방암에 걸린 쥐 실험을 통해 이같은 결과를 얻었다고 15일 밝혔다. 연구성과는 국제학술지 '네이처 커뮤니케이션즈'에 지난달 28일 게재됐다. (후략)_ 조선비즈

마약보다 중독 강한 설탕

1997년 미국의 상원 의원 '조지 맥거번'이 작성한 '맥거번 리포트'에 설탕에 대한 내용이 있다. 쥐에게 설탕과 헤로인의 중독성 비교 실험을 한 결과, 설탕의 중독이 헤로인보다 강한 것으로 밝혀졌다. (중략) 한국인의 하루 평균 설탕 섭취량은 100g이 넘는다. 각설탕 50개 분량이다. (후략)_ 중앙일보 '심채윤의 비건라이프'

Index

재료별 찾아보기

기능별 찾아보기

설탕 없이 달콤한 마법 같은 베이커리
설탕없는 과자공장

'설탕없는 과자공장'은 2016년 무설탕 빵과 과자를 만들면서 시작된 브랜드입니다. 이 책의 지은이이자 '설탕없는 과자공장'을 세운 오세정 대표는 자신 어머니의 당뇨 질환을 계기로 제과업계에 뛰어들었습니다. 당뇨, 알레르기, 소화 장애, 다이어트 등 여러 가지 건강상의 이유로 달콤한 음식을 포기해야 했던 모든 이들이 걱정 없이, 마음 놓고 달콤한 맛을 볼 수 있기를 바라는 마음에서 시작되었죠.

처음에는 설탕을 뺀, 무설탕 빵과 과자로 시작했으나 차츰 밀가루 없이, 동물성 재료 없이, 탄수화물은 줄이고, 단백질은 높이는 등 '설탕없는 과자공장'의 식품 개발 영역은 점점 더 확장되어 가는 중입니다. 더하기보다는 빼기에 주목한 '설탕없는 과자공장'의 맛있고 건강한 제품을 맛본 여러 소비자분들의 호응과 응원이 바로 그 원동력이라고 할 수 있겠죠.

현재는 무설탕 과자뿐 아니라 케이크, 잼, 시리얼까지 생산하고 있으며, 이 책에서 사용하는 설탕 대체재료 등도 판매하고 있습니다. 설탕 없이 달콤한 마법 같은 베이커리 '설탕없는 과자공장'은 여러 방면으로 '식품약자'들이 즐길 수 있는, 친구 같은 대체식품 브랜드로 성장하는 중입니다.

sgfree.kr | 070-8871-9279

설탕없는
과자공장

설탕없는
구움 과자

펴낸 날 초판 1쇄 2020년 12월 18일
3쇄 2023년 12월 23일

지은이 오세정
펴낸이 김민경

편집 아요(스프레드)
사진 박상국(lonlon)
스타일링 김가연, 권민경, 이도화(101 recipe)
디자인 임재경(another design)
촬영 요리 권기주(설탕없는 과자공장)
교열·교정 스프레드
인쇄 도담프린팅
종이 디앤케이페이퍼

펴낸곳 팬앤펜(PAN n PEN)
출판등록 제307-2017-17호
주소 서울 성북구 삼양로 43 IS빌딩 201호
전자우편 panpenpub@gmail.com
전화 02-6384-3141
팩스 02-6442-2449
온라인 에디터 조순진
블로그 blog.naver.com/pan-pen
인스타그램 @pan_n_pen

편집저작권ⓒ팬앤펜, 2020

ISBN 979-11-965125-8-3 (13590)
값 14,800원

<설탕 없는 과자 굽기> 책을 만들 때 도움 주신 협력 업체

대우공업사

서울시 중구 방산동 63번지. 02-2267-4000

www.bakingmall.com

협찬품 : 에스코 오븐, 각종 과자 틀, 주걱 등의 소도구, 오븐 도구 등

라쿠진

서울시 서초구 사임당로18길 18. 070-8873-2001

lacuzin.com

협찬품 : 푸드 프로세서

에스코 오븐
ESCO OVEN

유럽 가정집 인기 오븐. 컨벡션 기능을 갖춘 대용량으로 초보 홈베이커들에게 꼭 필요한 '가성비 갑' 제품이다.

모델명 EDF-213XPT 제품사양 외부 645×480×320mm 220V, 1.6KW, 40L

스토밍 핸드믹서

파워풀한 믹싱 기능을 자랑하면서도 소음이 적어 가정에서 쓰기 적합한 제품. 핸들링이 쉬우며 스테인리스 스틸 재질이라 내구성도 뛰어나다.

모델명 HM833
제품사양 190×90×125mm
220V, 300W

테프론 시트지

빵과 과자의 바닥면이 타는 것을 방지해주는 다회용 시트. 기름지지 않은 반죽도 눌어 붙지 않고, 세척이 간편하며, 원하는 크기로 잘라서 사용할 수도 있다.

제품사양 370×320mm

대우공업사 SINCE 1989
db BAKINGMALL

대우공업사 · 본사 및 전시장 경기도 광주시 곤지암읍 건업길 168 · **오프라인 숍** 서울시 중구 방산동 63번지. 02-2267-4000 · **온라인 숍** www.bakingmall.com

Lacuzin

가치 있는 삶을 창조하다, **라쿠진**

가치 있는 삶을 창조하다

라쿠진은 불어로 주방이란 뜻의 'La Cusine'의 합성어로
유럽 감성의 주방 문화를 제안한다는 의미를 담고 있는 트렌디한 주방/생활 가전 브랜드입니다.

제품 개발 단계부터 사용자 중심에서 생각하며 개발하고자 하며,
아름다운 디자인으로 생활 공간이 더욱 즐겁고 행복한 공간이 될 수 있도록 항상 노력하겠습니다.

www.lacuzin.com | 070. 8873. 2001